U0228263

工程力学（第2版）

主编 张力
编著 孟春玲 张媛

清华大学出版社
北京

内 容 简 介

全书分静力学和材料力学两部分。静力学共 5 章,内容包括静力学基本公理、定理,平面汇交力系,平面力偶系,平面任意力系,摩擦;材料力学共 10 章,内容包括轴向拉伸、压缩,剪切,扭转,弯曲,组合变形,交变应力,压杆稳定。

书后有实验和附录。内容包括材料的拉伸实验、压缩实验、扭转实验,弹性模量 E、切变模量 G 的测定,电测法及疲劳实验;附录包括型钢规格表、几种主要材料的机械性能表、习题参考答案及参考文献。

本书可供高等院校的材料、环境、化工、冶金、地质等工科各专业学生使用,也可供相关专业教师、学生及自学者使用和参考。

版权所有,侵权必究。举报:010-62782989,beiqinquan@tup.tsinghua.edu.cn。

图书在版编目(CIP)数据

工程力学/张力主编. —2 版. —北京:清华大学出版社,2011.4(2024.8重印)
ISBN 978-7-302-24906-1

Ⅰ. ①工… Ⅱ. ①张… Ⅲ. ①工程力学 Ⅳ. ①TB12

中国版本图书馆 CIP 数据核字(2011)第 031138 号

责任编辑:庄红权
责任校对:赵丽敏
责任印制:杨 艳

出版发行:清华大学出版社
    网 址:https://www.tup.com.cn,https://www.wqxuetang.com
    地 址:北京清华大学学研大厦 A 座   邮 编:100084
    社 总 机:010-83470000   邮 购:010-62786544
    投稿与读者服务:010-62776969,c-service@tup.tsinghua.edu.cn
    质 量 反 馈:010-62772015,zhiliang@tup.tsinghua.edu.cn
印 装 者:三河市人民印务有限公司
经 销:全国新华书店
开 本:185mm×260mm   印 张:15.25   字 数:364 千字
版 次:2011 年 4 月第 2 版   印 次:2024 年 8 月第 12 次印刷
定 价:45.00 元

产品编号:037468-05

第 2 版前言

根据最新高等院校工科非机类专业的教学大纲和要求，本书对第 1 版内容作了相应的修订。

编者作为该教材的讲授教师，在使用过程中发现了教材中存在的一些不足，出于有利于教学的愿望，本书修订时对内容作了一些补充和丰富，例如静力学部分增加摩擦一章，以便少学时基础好的学生自学或多学时课程的讲授；补充和丰富材料力学部分的第 11 章、12 章和 13 章；增加工程实例和习题的类型与数量，进一步拓宽了教材的适用范围。考虑到本书第 1 版使用较广，修订后仍然保持了原有的体系和风格。

第 2 版注重编者结合长期从事理论力学、材料力学、工程力学等课程的教学经验以及北京市高等学校教育教学改革项目的成果，注重力学系统的完整性和严密性，力求做到主次分明、详略恰当、难易适中、侧重基础，同时也结合新的工程应用实例，注重培养学生用力学知识解决工程实际问题的能力。教学时数安排在 30～48 学时，针对不同的专业，教师可酌情取舍。

本书获得北京市属高等学校人才强教计划资助项目的资助，在此致以深切的谢意。

本书可供高等院校的材料、环境、化工、冶金、地质等工科各专业学生使用，也可供相关专业教师、学生及自学者使用和参考。

由于时间仓促，书中难免有不当之处，请读者不吝赐教。

编　者

2011 年 1 月于北京

第 1 版前言

为适应高等院校教学改革的发展趋势,按照高等院校工科非机械类专业的教学大纲和要求,根据全面更新的工程力学课程教学内容和课程体系,依据高等院校加强基础、淡化专业、分流培养的教学方针,编者结合长期从事理论力学、材料力学、工程力学等课程的教学经验以及北京市高等学校教育教学改革项目的成果,有针对性地编写了这本工程力学教材。

编写本书时,我们对内容进行了精心挑选,注重力学系统的完整性和严密性,力求做到主次分明、详略恰当、难易适中、侧重基础,同时也结合新的工程应用实例,注重培养学生用力学知识解决工程实际问题的能力。实验部分在验证实验的基础上,增加了综合性实验,旨在培养学生理论联系实际和解决实际问题的能力。本书适合少学时工程力学教学,针对不同的专业,教师可酌情取舍。

本书可供高等院校的材料、环境、化工、冶金、地质等工科各专业学生使用,也可供相关专业教师、学生及自学者使用和参考。

由于时间仓促,书中难免有不当之处,请读者不吝赐教。

编　者
2006 年 1 月于北京

目　　录

实　　验

附　　录

绪　　论

1. 工程力学的研究对象及任务

工程力学(engineering mechanics)是一门研究物体的机械运动及构件强度、刚度和稳定性的学科,它包括理论力学和材料力学两门课程的经典内容和基础知识。

理论力学是研究物体机械运动普遍规律的一门学科。所谓机械运动是指物体空间位置随时间的改变。

材料力学是研究工程构件在外力作用下的变形规律和承载能力的学科,具体研究构件的强度、刚度和稳定性等问题。

本教材的内容包括以下两篇。

第1篇:静力学——主要研究物体的受力分析,力系的简化和受力物体平衡时作用力所应满足的条件,是研究构件强度、刚度和稳定性问题的基础。

第2篇:材料力学——主要研究构件的强度、刚度和稳定性问题,为构件选取适当的材料、选择合理的截面形状及尺寸提供理论基础。

两篇内容并非完全孤立,它们之间有一些交叉。

2. 学习工程力学的目的

由于工程力学讲述了力学的基本理论和基本知识,工科专业中很多课程都需要有工程力学的知识,该课程在基础课和专业课之间起到了承上启下的作用。同时,通过对本课程的学习,还有助于提高读者分析问题、解决问题的能力,以指导人们认识自然界,科学地从事工程技术工作。

3. 工程力学的研究方法

本课程的实用性很强。教材中的基本概念、基本理论和计算方法,都是长期以来从生活和生产实践中观察得到的结果,利用抽象化方法,加以分析、综合、归纳、总结,成为最普遍的公理及定律,再通过严格的数学演绎和逻辑推理的方法,得出正确的具有物理意义和实用价值的一些定理和力学公式。随着计算机的飞速发展和广泛应用,工程力学的研究方法和手段也在更新和变革,将计算机应用于力学将成为工程设计新的主要手段,并占有重要的地位。

第1篇 静 力 学

静力学是研究刚体在力系作用下的平衡问题,它包括以下 3 项内容。

1. 物体的受力分析

通过分析某个物体的受力情况,用受力图形式描述所有力的作用线的位置及方向。它是构件设计的基础。

2. 力系简化方法

用一个简单的力系等效地代替一个复杂力系。它是求得力系平衡条件的基础。

3. 刚体在力系作用下的平衡条件

刚体处于平衡时,作用在刚体上的各种力系所需要满足的条件。它是机械设计时进行力学计算的基础。

静力学在工程实际中有着广泛应用,同时也是本课程后续内容材料力学的基础。

第1章　物体的受力分析

本章主要介绍静力学的基础知识和受力分析的基本方法。在大学物理中大家所了解的概念和内容较浅,与工程实际问题还有一定的距离,所以在学习本章时应注意理论分析的合理性,掌握实际问题中受力分析的基本方法。

1.1　静力学基本概念

1.1.1　力的概念

1. 力

力是物体间的相互作用。这种作用对物体产生两种效应。

- 外效应(运动效应):使物体的运动状态发生变化。
- 内效应(变形效应):使物体产生变形。

2. 力系

力系是指作用在物体上的一群力。它是一个集合的概念。

等效力系是指可以互相代替而不改变其对物体的作用效果的两个力系。

平衡力系是指作用于物体上使物体处于平衡状态的力系。

1.1.2　刚体的概念

所谓**刚体**,是指在力的作用下不发生变形的物体。它是一个理想化的力学模型。

实际上,物体受力时都会产生不同程度的变形,但是当物体变形很小且对研究物体平衡问题影响甚微时,这些变形即可忽略不计。此时的受力物体即可抽象为刚体。

建立正确的力学模型是用力学理论解决实际工程问题的重要一环。因此,必须学会正确地运用抓主要矛盾的方法进行符合实际问题的科学的、合理的抽象。例如,在研究飞机飞行的平衡问题时,可以将飞机看作刚体而忽略其中构件的变形;但是在研究飞机飞行的颤振问题时,则必须将飞机视为弹性体而考虑其中部件的变形。因此,在使用刚体这一力学模型时,要格外注意所研究问题的范围。值得一提的是,刚体可以是单个工程构件,也可以是工程结构整体。

本篇的研究对象为刚体,因此又称为刚体静力学。

1.2　静力学基本公理

公理是人们生活和生产实际中的经验总结,并为客观实际所证实的规律。下面介绍静力学中的基本公理。

1.2.1　公理 1　二力平衡原理

作用于刚体上的两个力使刚体平衡的充分必要条件是:两个力大小相等、方向相反且作用在一条直线上。

工程上将承受二力作用且平衡的构件称为**二力构件**,又称**二力体**或**二力杆**。

如图 1-1 所示,若刚体平衡,则 $F_1 = -F_2$。该刚体即为二力体。

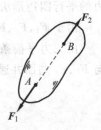

图　1-1

1.2.2　公理 2　加减平衡力系原理

加减平衡力系原理:在已知力系上加上或减去任意一个平衡力系并不改变原来力系对刚体的作用效果。

根据此原理,可以有以下推理。

推理 1　力的可传递性

作用于刚体上的力可以沿其作用线任意滑移而不改变该力对刚体的作用效果。

证明:

力 F 作用于刚体 A 点,如图 1-2(a)所示。

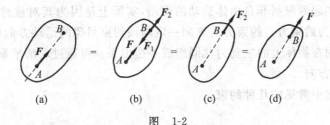

(a)　　　　　(b)　　　　　(c)　　　　　(d)

图　1-2

B 为力 F 作用线上任意一点。根据加减平衡力系原理,在 B 点加一由 F_1 和 F_2 组成的平衡力系,并使 $F_1 = F_2 = F$,如图 1-2(b)所示。由于 F 和 F_1 也组成一个平衡力系,所以再根据加减平衡力系原理在图 1-2(b)的基础上可以去掉平衡力系 F 和 F_1,即为图 1-2(c)所示。

比较图 1-2(a)和图 1-2(c)可见,力 F 的作用点由点 A 移至点 B,如图 1-2(d)所示。

由此可见作用在刚体上的力的三要素为:大小、方向、作用线。力矢量为一滑移矢量。

值得注意的是力矢量只可以在其作用的刚体内部传递,而不可以沿作用线传递到另一刚体上。

推理 2　三力平衡汇交原理

作用在刚体上三个相互平衡的力,若其中两个力的作用线汇交于一点,则此三个力必在同一个平面内,且第三个力的作用线通过汇交点。

证明:

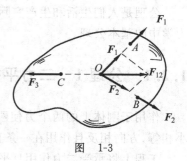

图　1-3

如图 1-3 所示,在刚体的 A、B、C 分别作用了三个相互平衡的力 F_1、F_2、F_3。

根据力的可传递性,将力 F_1、F_2 移至汇交点 O。利用力的平行四边形法则,得两力的合力 F_{12}。

由于 F_1、F_2、F_3 平衡,所以 F_3 也必与 F_{12} 平衡。

由二力平衡条件知:F_3 和 F_{12} 必然共线,所以 F_3 一定与 F_1、F_2 共面并通过 F_1、F_2 的汇交点 O。

1.3　约束和约束力

1.3.1　约束的概念

位移不受限制的物体称为自由体。如飞机和人造卫星等,其运动没有受到任何制约,因此为自由体。相反,位移受到周围物体限制的物体称为非自由体。如火车的行驶受到铁轨的限制、电梯的运行受到钢索的限制,火车和电梯均为非自由体。

对非自由体的某些运动起限制作用的周围物体称为**约束**。如铁轨对火车、钢索对电梯都是约束。

约束之所以能起到限制非自由体运动的作用,实际上是因为其对被约束物体产生了力的作用,这种力即为**约束力**。约束力的方向一定与该约束阻碍的运动方向相反。

约束力和作用在物体上的主动力共同组成平衡力系。可通过求解平衡方程求得约束力的大小,并确定其方向。

首先介绍工程中常见的几种约束。

1.3.2　工程中常见的几种约束及约束力

工程中常见的约束种类很多。

根据约束与被约束物体接触面之间有无摩擦,约束可分为:

- 理想约束:接触面间绝对光滑的约束。
- 非理想约束:接触面间存在摩擦的约束。

我们讨论的主要为理想约束。

1. 柔性约束

如图 1-4 所示，绳子吊一重物。绳子对重物的约束力 F_T 是作用在 A 点的拉力，如图 1-4(b)所示。此约束即为柔性约束。

由于柔性约束只能阻碍物体伸长方向的运动，所以其约束力的特点是沿着柔索方向，作用在接触点，而且只能是拉力。缆绳、链条、绳索等均可简化为柔性约束。其约束力用 F_T 或 F 表示。

2. 光滑接触面约束

图 1-5(a)、(b)分别表示固定面对物体的约束，图 1-5(c)表示啮合齿轮间的相互约束。当不计接触面间的摩擦时，均属于光滑接触面约束。

光滑接触面约束的约束特点是：约束只能限制被约束物体沿接触面公法线方向的运动，而不能限制沿接触面切线方向的运动。因此，光滑接触面的约束力沿着接触面的公法线方向，作用在接触点，并指向被约束物体。通常用 F_N 表示，如图 1-5 所示。

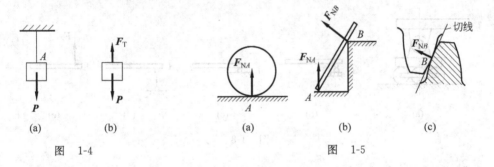

图　1-4　　　　　　　　　　　　　　　图　1-5

3. 光滑圆柱铰链约束

图 1-6(a)所示 C 处为光滑圆柱铰链约束，又称平面铰链约束。它是通过销钉将各有圆孔的两个物体Ⅰ、Ⅱ连接在一起。

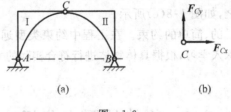

图　1-6

光滑圆柱铰链约束的特点是：限制被约束物体在垂直于销钉轴线的平面内的任何方向的位移，而不能限制其绕销钉轴线的转动。因此，此类约束的约束力垂直于销钉的轴线并通过铰链中心，其具体方向受制于主动力。通常用通过轴心的两个大小未知的正交分量 F_{Cx}、F_{Cy} 表示，如图 1-6(b)所示。其中 F_{Cx}、F_{Cy} 的指向暂可任意假定，最后通过求解平衡方程确定。

若此类连接中一个物体为固定支座，则称这种约束为固定铰链约束，简称固定铰链，如

图 1-7(a)所示。图 1-7(b)为其力学简图。约束力也用两个正交分力 F_{Ax}、F_{Ay} 表示,如图 1-7(c)所示。

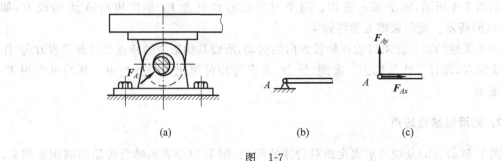

图　1-7

4. 滚动铰链约束

在铰链支座和光滑支撑面之间装有几个辊轴即构成滚动铰链约束,如图 1-8(a)所示。其力学简图如图 1-8(b)、图 1-8(c)、图 1-8(d)所示。

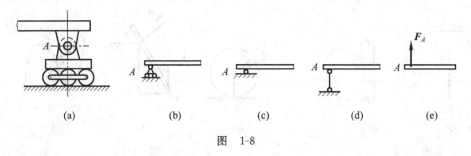

图　1-8

滚动铰链支座只能阻止物体沿着支撑面法线方向的运动(其中既包括限制被约束物体趋向支撑面的运动,也包括被约束物体背离支撑面的运动)而不能限制被约束物体沿着支撑面切线方向的运动。因此,在桥梁、屋架等建筑结构用滚动铰链支座通过辊轴作前后方向的微小滚动,以适应由于温度的变化而引起的构件在该方向上的伸长或缩短。

这类约束的约束力为垂直于支撑面并通过铰链中心向上或向下,具体指向通过求解平衡方程确定。用 F_A 表示之,如图 1-8(e)所示。

以上仅介绍了几种常见的、简单的约束。在工程中约束类型远远不止这些。读者在遇到实际工程问题时要进一步深入学习,根据具体物体进行符合实际的力学模型的抽象和简化。

1.4　物体的受力分析

1.4.1　物体的受力分析

物体的受力分析是构件设计的基础。它包括:

• 确定构件受力的性质和数目。

  · 确定每个力的作用位置和方向。

作用在物体上的力包括主动力和约束力。通常主动力是外加载荷,为已知力;而约束力是由约束的性质决定并受制于主动力的被动力,为未知力。

1.4.2 力的分类

1. 集中力

物体受力通常通过两物体间的接触产生,因此两物体间必然存在着一定的接触面积,力则分布在接触面积上,对于平面问题则是呈线性分布。

为了理论计算方便,将某些作用面积相对物体的尺寸很小的力理想化为作用于物体的一点,即为集中力;而将分布在相对物体尺寸较大面积上的力视为分布力。

2. 常见的分布力

单位长度上分布力的大小称为集度。通常用 q 表示,单位为:N/m。

常见的分布力有:①均布力,如图 1-9(a)所示,如重力;②三角形分布力,如图 1-9(b)所示,如风力。通常用 q 表示三角形分布力最大处的集度值。

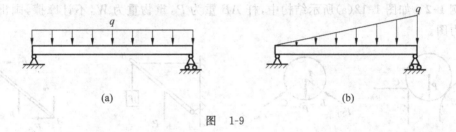

(a)   (b)

图 1-9

例如,重为 P 的物体放在一根梁上,如图 1-10(a)所示。由于重物相对于梁的尺寸很小,所以其对梁的压力可以视为集中力,如图 1-10(b)所示;而由于梁的重力分布在整根梁上,则为分布力,如图 1-10(c)所示。

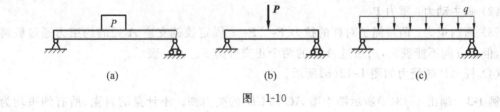

(a)   (b)   (c)

图 1-10

1.4.3 受力图

正确画出受力图在工程力学中具有重要的意义。

把所研究的物体从周围的物体中分离出来,得到的物体称为研究对象或隔离体,然后标出研究对象上所受到的力(包括主动力和约束力),即得到受力图。

画受力图的要点：

- 正确选择研究对象。研究对象可以为结构整体，也可以为其中几个物体的组合或单个物体。要将所选择的研究对象从周围物体中分离出来。
- 在研究对象上画出主动力。
- 在解除约束的地方画出约束力。在画约束力时，根据约束的性质确定约束力的方向，同时利用二力构件的概念和三力平衡汇交原理。当约束力的指向不能确定时，可以先假定一个指向。
- 物系中两物体间的作用力应遵循作用力和反作用力原理。

下面举例说明。

例 1-1　如图 1-11(a)所示，物体 A 重为 P，接触处均为光滑接触。试画出物体 A 的受力图。

解：(1) 以物体 A 为研究对象。

(2) 画主动力：重力 P。

(3) 画约束反力：在 B、C 两点为光滑面接触，约束力 F_{NB}、F_{NC} 均沿着接触面的公法线方向，指向圆心。

(4) 物体 A 的受力如图 1-11(b)所示。

例 1-2　如图 1-12(a)所示结构中，杆 AB 重为 P，重物重为 W，不计摩擦，画出杆 AB 的受力图。

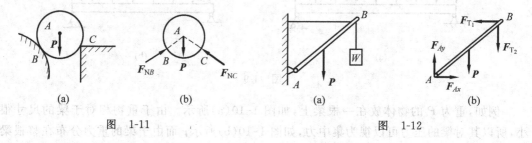

图　1-11　　　　　　　　　　　　　　图　1-12

解：(1) 以杆 AB 为研究对象。

(2) 画主动力：重力 P。

(3) 画约束力：两段绳子对杆的拉力 F_{T_1}、F_{T_2}；固定铰链支座 A 处的约束力通过铰链中心，但是方向不能确定，用通过 A 点的两个正交分力 F_{Ax}、F_{Ay} 表示。

(4) 杆 AB 的受力如图 1-12(b)所示。

例 1-3　画出 1-13(a)所示图中梁 AC 和 CD 的受力图。不计梁的自重，所有约束均为理想约束。

解：(1) 先画梁 AC 的受力图。

① 以梁 AC 为研究对象。

② 画主动力：集度为 q 的均布力。

③ 画约束力：A 处为固定铰链约束，约束力通过铰链中心，但是具体方向未知，用通过 A 点的两个正交分力 F_{Ax}、F_{Ay} 表示；B 处为滚动铰链约束，约束力 F_B 通过铰链中心并垂直于支撑面；C 处为平面铰链约束，约束力同样通过铰链中心，而不知具体方向，用通过 C 点

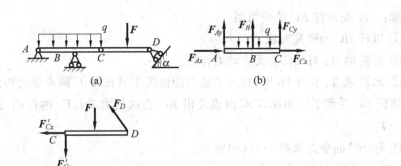

图　1-13

的两个正交分力 F_{Cx}、F_{Cy} 表示。

④ 梁 AC 的受力如图 1-13(b)所示。

(2) 再画梁 CD 的受力图。

① 以梁 CD 为研究对象。

② 画主动力：已知力 F。

③ 画约束力：C 处圆柱铰链的约束力 F'_{Cx}、F'_{Cy} 是梁 AC 在 C 处所受的约束反力 F_{Cx}、F_{Cy} 的反作用力；D 处为滚动铰链约束，约束力 F_D 通过铰链中心并垂直于支撑面。

④ 梁 CD 的受力如图 1-13(c)所示。

例 1-4　在图 1-14(a)所示结构中，水平杆 AD 用杆 BC 支撑，A、B、C 三处均为光滑铰链连接。在杆 AD 上作用一铅直向下的载荷 F。若不计两杆的自重，试分别画出杆 AD、BC 的受力图。

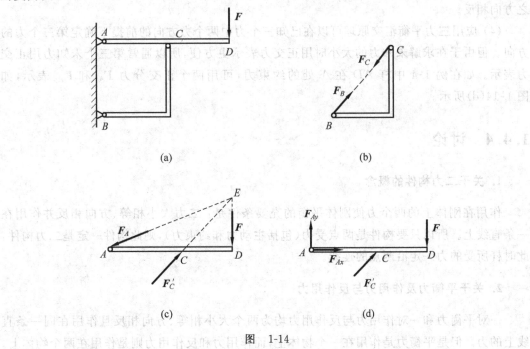

图　1-14

解：(1) 先画杆 BC 的受力图。

① 以杆 BC 为研究对象。

② 画主动力：杆 BC 上无主动力作用。

③ 画约束力：由于杆 BC 在无主动力的情况下只在 B、C 两点受到约束，所以其为二力杆。则杆 BC 受到了作用在 B、C 两点并沿 BC 连线的力 $\boldsymbol{F}_B$、$\boldsymbol{F}_C$ 的作用，具体指向暂假定，$\boldsymbol{F}_B = -\boldsymbol{F}_C$。

④ 杆 BC 的受力如图 1-14(b)所示。

(2) 再画杆 AD 的受力图。

① 以杆 AD 为研究对象。

② 画主动力：载荷 $\boldsymbol{F}$。

③ 画约束力：杆 AD 在 C 处受到了杆 BC 施于杆的力 $\boldsymbol{F}_C'$，$\boldsymbol{F}_C'$ 是 $\boldsymbol{F}_C$ 的反作用力。杆 AD 在三个力的作用下处于平衡，且其中两力 $\boldsymbol{F}$ 和 $\boldsymbol{F}_C'$ 又汇交于 E 点，根据三力平衡汇交原理可以确定 A 处的约束力一定沿 A、E 的连线，具体指向可暂假定。

④ 杆 AD 的受力如图 1-14(c)所示。

解题要点：

(1) 正确理解各种约束的性质，是受力分析的基础。

(2) 对于两个以上的物体组成的系统，受力分析应从受力简单的物体入手，特别注意应用二力杆的概念，来确定未知力的方向，这对今后求解未知力非常重要。如例 1-4 中通过确定杆 BC 为二力杆，确定了 C 处约束反力 $\boldsymbol{F}_C$ 的方向。

(3) 对于两个以上的物体组成的系统，在画两物体的连接处的受力时，注意应用作用与反作用定律。即一旦确定了其中一个物体在该点的受力，另一个物体此处的受力则一定与之方向相反。

(4) 应用三力平衡汇交原理可以在已知三个力中两个力方向的前提下确定第三个力的方向。但由于在求解未知力的大小时用正交力表示更方便，所以通常第三个未知力用正交力表示。如在例 1-4 中杆 AD 在 A 处的约束力，可用两个正交分力 $\boldsymbol{F}_{Ax}$ 和 $\boldsymbol{F}_{Ay}$ 表示，如图 1-14(d)所示。

1.4.4　讨论

1. 关于二力构件的概念

作用在刚体上的两个力使刚体平衡的充要条件是：二力大小相等、方向相反并作用在一条直线上。所以只要构件是两点受力(包括主动力和约束力)，则此构件一定是二力构件，此时杆所受的力一定沿两点的连线。

2. 关于平衡力及作用力与反作用力

一对平衡力和一对作用力与反作用力均为两个大小相等、方向相反且作用在同一条直线上的力。但是平衡力是作用在一个物体上，而作用力和反作用力则是作用在两个物体上。

习　题

1-1　凡是两端受力的杆均为二力杆吗？

1-2　均质杆 AB 重为 P，判断图(a)中杆 AB 的受力分析如图(b)所示是否正确？若不正确请改正。

1-3　球 A 重为 P，画出球 A 的受力图。

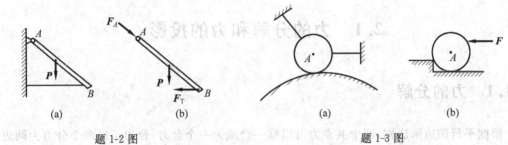

题 1-2 图　　　　　　　　　　　　题 1-3 图

1-4　不计杆的自重，试画出图中各杆的受力图。

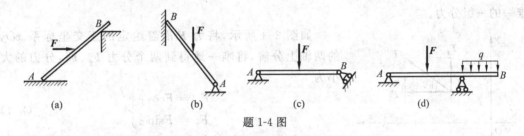

题 1-4 图

1-5　在不计物体自重的情况下，画出每个物体的受力图。

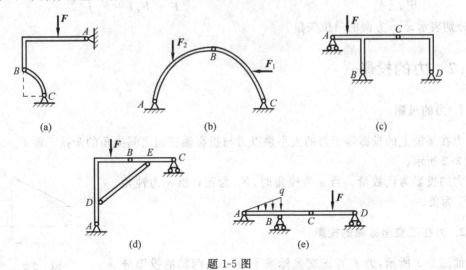

题 1-5 图

第 2 章　平面汇交力系

平面汇交力系是指作用在物体上各力的作用线在同一平面内且汇交于一点的力系。它是一种简单力系。

本章主要研究平面汇交力系的合成、平衡条件及平衡方程。

2.1　力的分解和力的投影

2.1.1　力的分解

根据平行四边形法则,两个共点力可以唯一合成为一个合力,合力是以两个分力为两边的平行四边形的对角线。反过来,已知一个力,以此力为平行四边形的对角线却可以得到无数个平行四边形,即该力可得到无数组分力。但是,若给定了两个分力的方位,则只能得到唯一的一组分力。

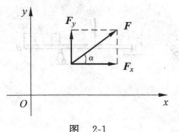

图　2-1

如图 2-1 所示,将力 F 沿着给定的正交坐标系 xOy 的两轴上分解,将唯一地得到两个分力 F_x、F_y,分力的大小为

$$F_x = F\cos\alpha \atop F_y = F\sin\alpha \right\} \qquad (2\text{-}1)$$

分力是一矢量,其方向分别沿 x、y 轴。有关系式

$$F = F_x i + F_y j \qquad (2\text{-}2)$$

i、j 分别表示 x、y 方向的单位矢量。

2.1.2　力的投影

1. 力的投影

力在某轴上的投影等于力的大小乘以力与投影轴正向之间夹角的余弦。即 $F_x = F\cos\alpha$ 如图 2-2 所示。

力的投影为代数量。当 α 为锐角时,F_x 为正;当 α 为钝角时,F_x 为负。

2. 力在正交坐标轴的投影

如图 2-3 所示,力 F 在正交坐标系下沿 x、y 两轴的投影分

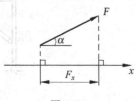

图　2-2

别为：

$$F_x = F\cos\alpha \quad \left.\right\} \quad (2\text{-}3)$$
$$F_y = F\sin\alpha$$

所以，

$$F = \sqrt{F_x^2 + F_y^2}$$
$$\cos(F, i) = \frac{F_x}{F}, \quad \cos(F, j) = \frac{F_y}{F} \quad \left.\right\} \quad (2\text{-}4)$$

3. 力的分力和力的投影之间的关系

如图 2-3 所示，在直角坐标系下，力在两个坐标轴上的分力 F_x、F_y 的大小等于力在两坐标轴上的投影。即

$$F_x = F_x i, \quad F_y = F_y j$$

当两轴不相互垂直时，力沿两轴的分力 F_x、F_y 在数值上并不等于力在两轴上的投影，如图 2-4 所示。

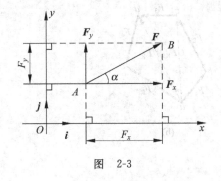

图 2-3

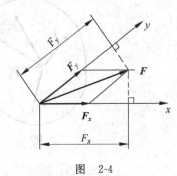

图 2-4

2.2 平面汇交力系的合成

2.2.1 平面汇交力系合成的几何法

1. 力合成的三角形法则

作用在刚体上的两个共点力 F_1、F_2，可以根据平行四边形法则合成为一个合力 F_R。如图 2-5(a) 所示。

在求两共点力的合力时，也可以作如图 2-5(b) 所示的力三角形，即将分力首尾相连，合力由第一个分力始端指向后一个分力的尾端，得到与如图 2-5(a) 所示相同的合力。此方法称为力合成的三角形法则。

在作力的三角形时，分力的次序可以更换，只要保证两个分力在力的三角形中首尾相连即可。即图 2-5(b)、图 2-5(c) 可以得到同样的合力。

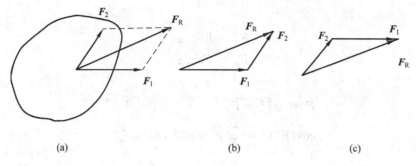

(a)　　　　　　　　　　　　　(b)　　　　　　　　(c)

图　2-5

2. 平面汇交力系合成的几何法

以四个力组成的平面汇交力系为例进行说明。

设刚体受到作用在同一平面内并汇交于 A 点的力 F_1、F_2、F_3、F_4 的作用,如图 2-6(a)所示。

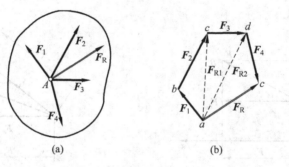

(a)　　　　　　　　　　　　　(b)

图　2-6

根据力合成的三角形法则,分别求出 F_1、F_2 的合力 F_{R1};再求出 F_{R1}、F_3 的合力 F_{R2};最后求出 F_{R2}、F_4 的合力 F_R,即为 F_1、F_2、F_3、F_4 的合力,如图 2-6(b)所示。从图 2-6 中可以看出,不求 F_{R1}、F_{R2} 而直接将力 F_1、F_2、F_3、F_4 首尾相连,可以得到一个不封闭的多边形,封闭边即为合力 F_R,它由第一个力的首端指向最后一个力的尾端。此多边形称为力的多边形。

用矢量式表示为

$$F_R = F_1 + F_2 + F_3 + F_4$$

推广之,对于 n 个力组成的力系,可以作出 $n+1$ 条边组成的多边形。同时有

$$F_R = F_1 + F_2 + \cdots + F_n = \sum_{i=1}^{n} F_i \tag{2-5}$$

2.2.2　平面汇交力系合成的解析法

将式(2-5)各力向 x、y 轴投影,得

$$F_R = F_1 + F_2 + \cdots + F_n$$
$$= (F_{x1}\boldsymbol{i} + F_{y1}\boldsymbol{j}) + (F_{x2}\boldsymbol{i} + F_{y2}\boldsymbol{j}) + \cdots + (F_{xn}\boldsymbol{i} + F_{yn}\boldsymbol{j})$$
$$= \left(\sum_{i=1}^{n} F_{xi}\right)\boldsymbol{i} + \left(\sum_{i=1}^{n} F_{yi}\right)\boldsymbol{j}$$

而 $F_R = F_{Rx} i + F_{Ry} j$

所以,有

$$
\left.
\begin{aligned}
F_{Rx} &= \sum_{i=1}^{n} F_{xi} \\
F_{Ry} &= \sum_{i=1}^{n} F_{yi}
\end{aligned}
\right\}
\tag{2-6}
$$

即:合力在各轴上的投影等于各分力在同一轴上投影的代数和,称之为合力投影定理。

根据式(2-4)可以求得合力的大小和方向余弦为

$$
\left.
\begin{aligned}
F_R &= \sqrt{F_{Rx}^2 + F_{Ry}^2} = \sqrt{\left(\sum_{i=1}^{n} F_{xi}\right)^2 + \left(\sum_{i=1}^{n} F_{yi}\right)^2} \\
\cos(F_R, i) &= \frac{F_{Rx}}{F_R}, \quad \cos(F_R, j) = \frac{F_{Ry}}{F_R}
\end{aligned}
\right\}
\tag{2-7}
$$

2.2.3　说明

平面汇交力系合成的几何法较解析法快捷,但不如解析法准确,而且几何法仅限于平面汇交力系的合成,因此计算时通常选用解析法。

2.3　平面汇交力系的平衡条件和平衡方程

2.3.1　平面汇交力系的平衡条件

由于平面汇交力系可以用合力来代替,所以只要合力为零,刚体即处于平衡。因此平面汇交力系平衡的充分和必要条件是:作用在刚体上力系的合力为零。用矢量表示之:

$$
F_R = \sum_{i=1}^{n} F_i = 0
\tag{2-8}
$$

2.3.2　平面汇交力系的平衡方程

由式(2-7)知:欲使式(2-8)成立,必须满足

$$
\sqrt{\left(\sum_{i=1}^{n} F_{xi}\right)^2 + \left(\sum_{i=1}^{n} F_{yi}\right)^2} = 0
$$

即

$$
\left.
\begin{aligned}
\sum_{i=1}^{n} F_{xi} &= 0 \\
\sum_{i=1}^{n} F_{yi} &= 0
\end{aligned}
\right\}
\tag{2-9}
$$

因此,平面汇交力系平衡的充分和必要条件为:各力在两个正交坐标轴上投影的代数和分别为零。

方程(2-9)即为平面汇交力系的平衡方程。

2.3.3 平面汇交力系平衡方程应用说明

- 对于一个研究对象,应用方程(2-9)可以解决未知力中的两个未知量(包括大小和方向)。
- 在已知力的作用线方向而不知具体指向时,力的指向通常不作为未知量。可以先假设指向,然后再利用方程(2-9)解出其值。若结果为正,则表明假设的力指向与实际指向一致;反之,则表示二者方向相反。

下面举例说明。

例 2-1   如图 2-7(a)所示,自重 $P=30$ kN 的压路碾子 O,半径 $R=0.8$ m。碾子在作用于中心 O 处的水平力 F 作用下工作,突然遇到一高 $h=0.1$ m 的障碍物。不计各处的摩擦,求:欲将碾子拉过障碍物,水平拉力至少要为多大?

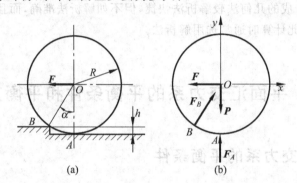

图 2-7

解:(1) 以碾子为研究对象。

(2) 画受力图。

碾子受到主动力为拉力 F 和重力 P,A、B 处受到约束分力 F_A、F_B 的作用,四力汇交于点 O。画碾子的受力如图 2-7(b)所示。

(3) 列平衡方程。

在图示 xOy 坐标系下,根据方程(2-9)列平衡方程

$$F_B \sin \alpha - F = 0 \tag{a}$$
$$F_B \cos \alpha + F_A - P = 0 \tag{b}$$

其中

$$\cos \alpha = \frac{R-h}{R} = 0.866$$

$$\alpha = 30°$$

(4) 求解平衡方程。

碾子能过障碍物的力学条件是 $F_A = 0$,代入平衡方程(b),并联立方程(a),得

$$F = \frac{P}{\cos \alpha} = 34.29 \text{ kN}$$

即为所求的水平拉力。

例 2-2 在图 2-8(a)所示的刚架 C 处作用一水平力 F,刚架自重忽略不计。求支座 A、B 的约束力。

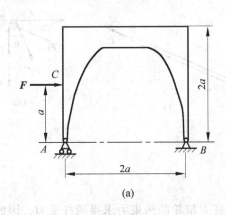 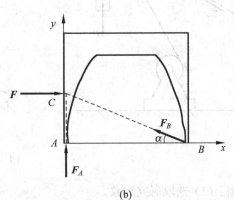

图 2-8

解:(1)以刚架为研究对象。

(2)画受力图。

刚架受到主动力 F;滚动铰链支座 A 处的约束力 F_A 垂直于支撑面,F 与 F_A 交于 C 点;根据三力平衡汇交原理,固定铰链支座 B 处的约束力 F_B 一定通过 C 点。刚架受力如图 2-8(b)所示。

(3)列平衡方程。

在图示 xAy 坐标系下,根据方程(2-9)得刚架的平衡方程

$$F - F_B \cos \alpha = 0 \qquad\qquad\qquad (a)$$

$$F_A + F_B \sin \alpha = 0 \qquad\qquad\qquad (b)$$

其中 $\cos \alpha = \dfrac{2}{\sqrt{5}}$,$\sin \alpha = \dfrac{1}{\sqrt{5}}$。

(4)解平衡方程。

联立方程(a)、方程(b)解得

$$F_A = -\frac{1}{2}F(\text{负号表示 } F_A \text{ 的方向与图示方向相反}), \quad F_B = \frac{\sqrt{5}}{2}F$$

解题说明:

* 在学习了平面任意力系一章后,B 处的约束力用正交力表示即可,这样可使计算过程简单。读者可在今后学习中体会。
* 对于滚动铰链支座,约束力垂直于支撑面,但具体指向还要由求解方程的结果确定。如本题中一般认为 F_A 应垂直向上,但本题中结果表明其为垂直向下。

例 2-3 如图 2-9(a)所示结构中,$P = 20$ kN 的重物以钢丝绳挂在支架的滑轮 B 上,钢丝绳的另一端接在绞车 D 上。转动绞车,物体便能被提升。设滑轮的大小、杆 AB 与杆 BC 的自重及各处的摩擦均忽略不计,A、B、C 三处为铰链连接。求当物体被匀速提升时,杆 AB

和杆 BC 所受的力。

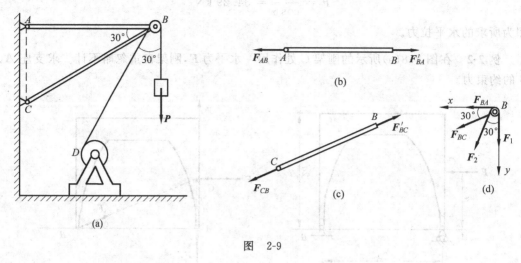

图　2-9

解：（1）选取研究对象。

AB 和 BC 两杆均为二力杆,必须通过求解两杆对滑轮的约束力求得两杆受力。因此以滑轮 B 为研究对象。

（2）受力分析。

假设 AB、BC 两杆均受到拉力,受力如图 2-9(b)、图 2-9(c)所示。滑轮 B 受力如图 2-9(d)所示。由于滑轮的尺寸忽略不计,所以滑轮的受力可以简化为平面汇交力系。

（3）列平衡方程。

根据绳子的约束性质知: $F_1 = F_2 = P$

在图示 xBy 坐标系下,根据方程(2-9)得平衡方程

$$F_{BA} + F_{BC}\cos 30° + F_2\sin 30° = 0$$
$$F_{BC}\sin 30° + F_2\cos 30° + F_1 = 0$$

（4）解平衡方程。

联立以上方程,解得: $F_{BC} = -74.64$ kN(负号表示 F_{BC} 的方向与图示方向相反,即 BC 杆受压), $F_{BA} = 54.64$ kN。

解题要点:

- 通过受力分析,正确地选择研究对象。一般来说,受力分析应从最简单的物体入手,特别注意应用二力构件的概念,这样可以使未知力的方向已知化。
- 列平衡方程建立坐标系时,不一定选择水平和铅垂坐标,只要保证两坐标轴正交即可。

习　　题

2-1　用解析法求解平面汇交力系平衡问题时,若建立的 x、y 轴不相互垂直,则方程 $\begin{cases} \sum F_x = 0 \\ \sum F_y = 0 \end{cases}$ 能满足汇交力系的平衡条件吗?

2-2　图示结构,若将作用在结构上的力 F 从图(a)位置换成图(b)位置,能否利用力的可传递性说明力 F 对结构的作用效果不变?

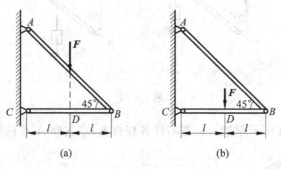

题 2-2 图

2-3　图示两种结构,已知 $AC=CB=CD=AD$,在 B 处作用一水平力 F。若不计各杆自重,并忽略摩擦,求 A 处的约束力。

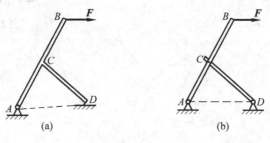

题 2-3 图

2-4　图示刚架上作用一水平力 F,不计刚架自重,求:支座 A、B 的约束力。

2-5　如图所示,梁 AB 的 A 端以铰链固定,B 端与拉杆 BC 连接,拉杆 BC 与水平方向成 $45°$,重为 2 kN 的物体放在梁 AB 上。若忽略梁的自重,求:支座 A 的约束力和杆 BC 所受的力。

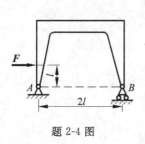

题 2-4 图

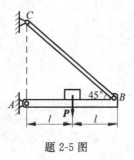

题 2-5 图

2-6　杆 AB 的 A 端与墙铰接,B 端与水平绳连接,在杆上吊一重为 P 的物体。若不计杆的重量,求:在图(a)、图(b)两种情况下,A 处的约束力。

2-7　图示结构,重为 20 kN 的物体用钢丝绳挂在滑轮 B 上,钢丝绳的另一端缠绕在铰车 D 上。两杆在 B 处铰接,并分别在 A、C 处用铰链与墙连接。若不计杆和滑轮的重量,且忽略摩擦和滑轮的大小,求平衡时杆 AB 和 BC 所受的力。

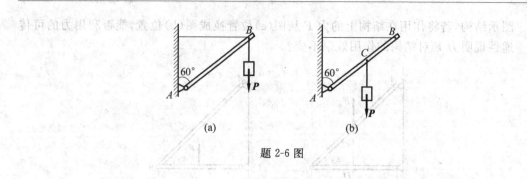

题 2-6 图

2-8　水平力 F 作用在图示刚架上。若不计各杆自重，求支座 A、C 的约束力。

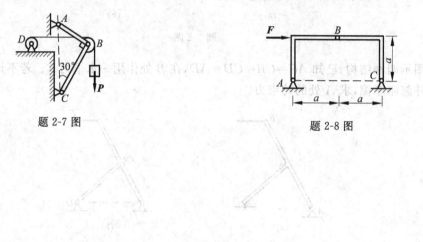

题 2-7 图

题 2-8 图

第 3 章 平面力偶系

在介绍力偶的概念之前,先了解一下力矩的概念。

3.1 平面力对点的矩

3.1.1 平面力对点的矩的实例

根据经验,用扳手拧螺母时,影响螺母转动效果有以下因素:所施力的大小、施力点与螺母之间的距离、力的转向。

理论上用力对点的矩(简称力矩)来描述以上各因素,其为描述力对刚体转动效应的物理量。

3.1.2 平面力对点的矩

如图 3-1 所示,平面上一作用力 F,在同一平面内任取一点 O,点 O 称为矩心;点 O 到力 F 的作用线的垂直距离 h 称为力臂。

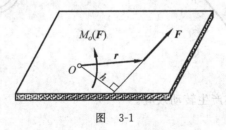

图 3-1

**平面力对点的矩的定义为:平面力对点的矩是一代数量,其绝对值等于力的大小与力臂的乘积。其正负号规定为:力使物体绕矩心作逆时针转动时力矩为正,反之为负。用 $M_O(F)$ 表示。即

$$M_O(F) = F \cdot h$$

3.1.3 合力矩定理

合力对平面内任意一点的矩等于各个分力对该点矩的代数和,称之为合力矩定理。即

$$M_O(F_R) = M_O(F_1) + M_O(F_2) + \cdots + M_O(F_n) = \sum_{i=1}^{n} M_O(F_i) \tag{3-1}$$

式(3-1)适用于任何有合力存在的力系。

3.2 平面力偶及其性质

3.2.1 力偶的定义

1. 定义

两个大小相等、方向相反、不共线的平行力组成的力系称为力偶。如图 3-2 所示。记作
(F,F')。

组成力偶的两个力所在的平面称为力偶的作用面;力偶中两个力作用线之间的垂直距
离称为力偶臂,用 d 表示。

2. 力偶的实例

开车时,司机双手施加在方向盘上的力即为一对大小相等、方向相反、平行但不共线的
力,其形成一力偶使传动机构转动,带动前轮转向,进而控制汽车的行驶方向。如图 3-3
所示。

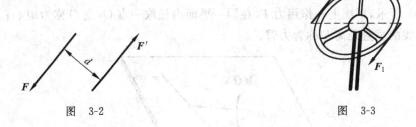

图 3-2   图 3-3

由此可见,力偶对物体产生转动效应。

3.2.2 力偶的性质

力偶虽然由两个力组成,但是这两个力既不能用一个力等效,也不能用一个力与之
平衡。

力偶同力一样,也是静力学中的一个基本要素。

3.2.3 力偶矩

由于力偶是由两个力组成的特殊力系,它对物体产生转动效应。用力偶矩来衡量其作
用效果。

力偶矩的大小等于形成力偶的两个力对其作用面内某点之矩的代数和。用 $M_O(F,F')$

表示,简写为 M。

如图 3-4 所示,力偶(F, F')其力偶臂为 d,在平面内任选一点 O,则

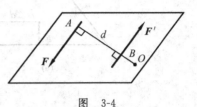

图 3-4

$$M = M_O(F) + M_O(F') = F\,\overline{AO} - F'\,\overline{BO}$$
$$= F(\overline{AO} - \overline{BO}) = Fd$$

由上式知,力偶矩的大小只与组成力偶的力的大小、力偶臂的长短及力偶在作用面内的转向有关,与矩心的位置无关。力偶在其作用面内的转向不同,作用效果就不相同。因此,平面力偶矩定义为

$$M = \pm Fd \tag{3-2}$$

即平面力偶矩是一代数量,其大小等于形成力偶的力的大小与力偶臂的乘积。正负号表示其转向,**规定为**:逆时针转向为正;反之为负。单位为:N·m。

3.2.4 同平面内力偶的等效定理

1. 定理

根据力偶的性质和力偶矩的定义可知:作用在同一平面内的两个力偶,如果其力偶矩相等,则两个力偶彼此等效。称为同平面内力偶的等效定理。

由此可见,力偶矩是力偶作用效果的唯一度量。

注意:两个力偶矩相等,不仅指力偶矩大小相等,还包括其转向相同。

2. 推论

推论 1 只要保持力偶矩不变(包括大小和转向),力偶可以在其作用面内任意移转,而不改变其对刚体的作用效果。即力偶对刚体的作用效果与其在作用面内的位置无关,如图 3-5 所示。

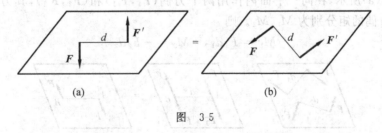

(a)   (b)

图 3-5

推论 2 只要保持力偶矩不变(包括大小和转向),可以同时改变力偶中力的大小和力偶臂的长短,而不改变力偶对刚体的作用效果。

如图 3-6 所示,若 $Fd = F_1 d_1$,则图 3-6(a)、图 3-6(b)所示的两个力偶等效。

3.2.5 常见的力偶表示符号

如图 3-7 所示为力偶的表示符号。

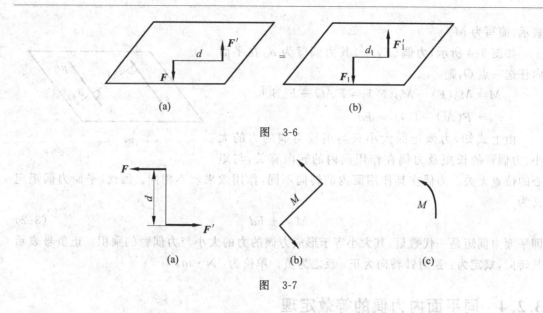

图　3-6

图　3-7

3.3　平面力偶系的合成和平衡条件

3.3.1　平面力偶系的概念

由作用在同一平面内的多个力偶组成的力偶的集合,称为**平面力偶系**。

3.3.2　平面力偶系的合成

首先以两个力偶组成的力偶系为例。

如图 3-8(a)所示,在同一平面内作用两个力偶(F_1,F_1')和(F_2,F_2'),其力偶臂分别为d_1、d_2,两个力偶的矩分别为M_1、M_2。则

$$M_1 = F_1 d_1, \quad M_2 = -F_2 d_2$$

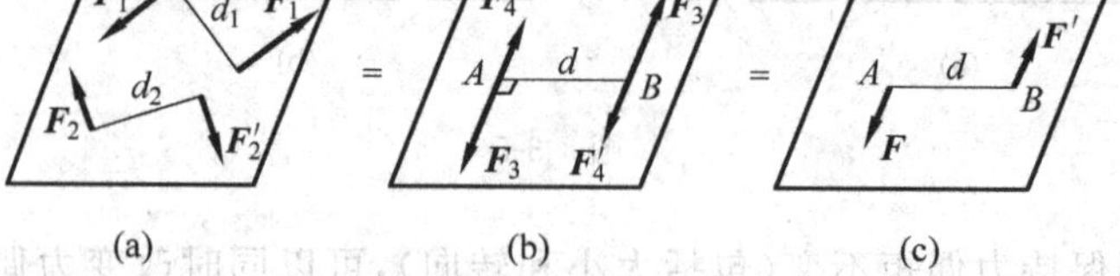

图　3-8

将两个力偶移转,并在保持力偶不变的情况下同时改变力的大小和力偶臂的长短,使两个力偶的力偶臂均为d,如图 3-8(b)所示。根据 3.2 节中的推论 1 和推论 2 可得

$$F_3 = \frac{M_1}{d}, \quad F_4 = \frac{M_2}{d}$$

此时，F_3 和 F_4、F_3' 和 F_4' 组成两个共点力系，分别将其合成得到合力 F 和 F'（设 $F_3 > F_4$），如图 3-8(c)所示。其中

$$F = F_3 - F_4, \quad F' = F_3' - F_4'$$

可见，F、F' 形成了一个新力偶，即为原来两个力偶的合力偶。合力偶矩为

$$M = Fd = (F_3 - F_4)d = F_3 d - F_4 d = M_1 + M_2$$

即合力偶矩为两个力偶矩的代数和。

推广之，可得到如下结论：任意个力偶组成的平面力偶系可以合成为一个合力偶，合力偶矩等于各个力偶矩的代数和。即

$$M = \sum_{i=1}^{n} M_i \tag{3-3}$$

3.3.3　平面力偶系的平衡条件

力偶系平衡时，其合力偶矩等于零；反之亦然。因此，**平面力偶系平衡的充分和必要条件是**：平面力偶系中各力偶矩的代数和为零。即

$$\sum_{i=1}^{n} M_i = 0 \tag{3-4}$$

上式为平面力偶系的平衡方程。

例 3-1　如图 3-9(a)、图 3-9(b)所示，已知长为 l 的梁 AB 上作用一矩为 M 的力偶，不计梁的自重。求支座 A、B 的约束力。

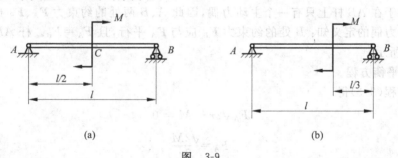

(a)　　　　　　　　　　　　　(b)

图　3-9

解：(1) 取图 3-9(a)中所示的梁 AB 为研究对象。

由于作用在梁 AB 上的主动力是力偶，因此与之平衡的约束力也一定形成力偶，即 A、B 两处的约束力 F_A、F_B 组成一力偶。由于 B 处的约束力 F_B 为铅直方向，根据力偶的定义，可知 A 处约束力 F_A 也一定在铅直方向并与 F_B 方向相反，即 $F_A = -F_B$。梁 AB 受力如图 3-10 所示。

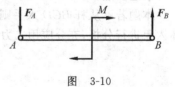

图　3-10

根据方程(3-3)得

$$F_A l - M = 0$$

所以

$$F_A = F_B = \frac{M}{l}$$

(2) 比较图 3-9(a)、图 3-9(b)可知：除了力偶 M 在梁 AB 上的位置不同，梁的约束和尺寸均一样。根据推论 1 可知：力偶 M 对梁的作用效果与其在梁上的位置无关。因此

图 3-9(b)中 A、B 两处的约束力同图 3-9(a)的结果相等。即

$$F_A = F_B = \frac{M}{l}$$

解题说明：

求解平面力偶问题时，在已知一个力的方向时，可以利用力偶的定义，确定另一个与已知力组成力偶的未知力的方向。

例 3-2　圆弧杆 AB 与直角杆 BCD 在 B 处铰接，A、D 处均为固定铰链支座，如图 3-11(a)所示。若已知 r、M，并不计各杆的自重，求 A、D 处的约束力。

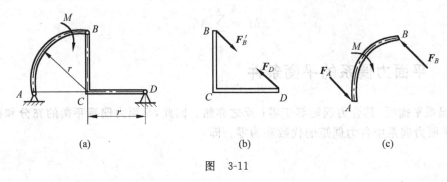

(a)　　　　　　　　　(b)　　　　　　　　　(c)

图　3-11

解：(1) 选取研究对象。

杆 BCD 为二力杆。其受力如图 3-11(b)所示。

以杆 AB 为研究对象。杆 AB 在 B 处的约束力 F_B 是杆 BCD 在 B 处的约束力 F'_B 的反作用力。由于在 AB 杆上只有一个主动力偶，因此 A、B 两处的约束力 F_A、F_B 也一定形成力偶。根据力偶的定义知：B 处的约束力 F_B 应与 F_A 平行，且 $F_A = F_B$。杆 AB 的受力如图 3-11(c)所示。

(2) 列平衡方程。

根据方程(3-3)得

$$F_A \sqrt{2}r - M = 0$$

解得

$$F_A = \frac{\sqrt{2}M}{2r}$$

所以

$$F_D = F'_B = F_B = F_A = \frac{\sqrt{2}M}{2r}$$

解题要点：

本题若不从杆 BCD 入手则很难求解，因此在求解约束力问题时，通常从受力简单的物体入手进行分析，充分应用二力杆的概念，使未知力的方向已知化，进而减少未知数。

习　题

3-1　卷扬机工作时，通过作用在卷扬机上矩为 M 的力偶将重物 P 匀速吊起。问：力偶 M 是与力 P 平衡的吗？

3-2　曲柄在图示力的作用下处于平衡。已知：$F_1 = 10$ kN，$M = 5$ kN·m，$l = 1$ m，求：F_2 的大小。

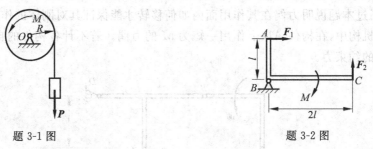

题 3-1 图　　　　　　　　　　　　题 3-2 图

3-3　已知梁上作用一矩为 M 的力偶，梁 AB 长为 l，梁的自重忽略不计。求：支座 A、B 的约束力。

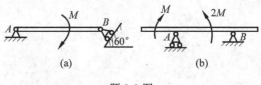

(a)　　　　　　　　　　　(b)

题 3-3 图

3-4　图示三角拱形结构，在两拱上分别作用着矩为 M_1 和 M_2 的力偶。若 $M_1 = 10$ kN·m。求：支座 A、B 铅垂方向的约束力。

题 3-4 图　　　　　　　　　　　　题 3-5 图

3-5　图示机构中，杆 AB 长为 $2l$，在中点 C 处与 CD 铰接。已知作用在杆 AB 上的力偶之矩为 M，若不计构件的自重并忽略摩擦，求：支座 A 的约束力。

3-6　图示四连杆机构，已知：$AB = CD = DA = 0.5$ m，在杆 AB 和杆 CD 上分别作用着矩为 M_1、M_2 的力偶。若 $M_1 = 10$ kN·m，且不计杆重，求：图示位置使机构平衡的 M_2 的大小。

题 3-6 图　　　　　　　　　　　　题 3-7 图

3-7　图示机构, A、B、C 处为铰链连接。不计杆件自重,(1)在杆 BC 上作用一矩为 M 的力偶,求: A、C 处的约束力。(2)将力偶 M 作用在杆 AB 上,求: A、C 处的约束力。(3)通过本题说明力偶在其作用面内如何移转才能保证其对刚体的作用效果不变?

3-8　图示机构中,在构件 AB 上作用一矩为 M 的力偶。若不计各构件的自重,求 A、B、C、D 处的约束力。

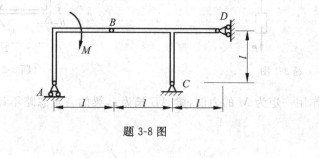

题 3-8 图

第 4 章　平面任意力系

组成力系各力的作用线在同一个平面内,且在平面内任意分布,这种力系称为**平面任意力系**。

本章主要介绍平面任意力系的简化和平衡问题。

4.1　平面任意力系的简化

平面任意力系的简化就是求与该力系等效的合力与合力偶。力的平移定理是平面任意力系简化的理论基础。

4.1.1　力的平移定理

1. 力的平移定理

首先通过推导来说明如果将作用在刚体上的力由刚体上一点平移至刚体上的另一点,如何保证其对刚体的作用效果不变。

如图 4-1(a)所示,已知在刚体上 A 点作用一力 F。

根据加减平衡力系原理,在刚体上任一点 B 处加一对平衡力 F'、F'',并使之与力 F 平行且大小相等,如图 4-1(b)所示。力 F'' 与力 F 形成一力偶 M,其矩为力 F 对 B 点的矩,如图 4-1(c)所示。此力偶称为附加力偶。

(a)　　　　　　(b)　　　　　　(c)

图　4-1

由此得到力的平移定理。即:作用在刚体上的力可以向刚体上任意一点平移,同时必须附加一力偶,附加力偶的矩等于原来的力对平移点的矩。

2. 实例

例如,划船时,若左、右两手用同等的力气摇桨,船则沿直线前进,如图 4-2(a)所示;否则,若两手用力不均或单手划桨,船则跑偏,如图 4-2(b)所示。其原因就是由于力 F 向中心平移后,图 4-2(b)所示情形有一附加力偶 M,该力偶使船转动。而图 4-2(a)所示情形则不存在此力偶。

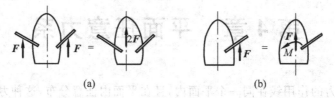

图　4-2

4.1.2　平面任意力系的简化

1. 三个力组成的平面任意力系的简化

作用在刚体上由 F_1、F_2、F_3 组成的平面任意力系,如图 4-3(a)所示。

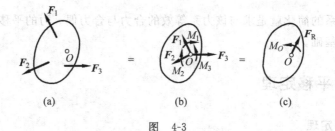

图　4-3

在力系所在的平面内任取一点 O,根据力的平移定理,将三个力分别移至 O 点,得到作用于 O 点的力 F_1、F_2、F_3 及其附加力偶 M_1、M_2、M_3,如图 4-3(b)所示。其中

$$M_1 = M_O(F_1)$$
$$M_2 = M_O(F_2)$$
$$M_3 = M_O(F_3)$$

称 O 为简化中心。由此可见,平面任意力系 F_1、F_2、F_3 被作用于 O 点的平面汇交力系 F_1、F_2、F_3 和平面力偶系 M_1、M_2、M_3 所代替。

根据前两章所讲的内容,分别将作用于 O 点的平面汇交力系 F_1、F_2、F_3 和平面力偶系 M_1、M_2、M_3 进行合成,得到作用于 O 点的合力 F_R 和合力偶 M_O,如图 4-3(c)所示。其中

$$F_R = F_1 + F_2 + F_3$$
$$M_O = M_1 + M_2 + M_3 = M_O(F_1) + M_O(F_2) + M_O(F_3)$$

2. n 个力组成的平面任意力系的简化

将以上结论推广至 n 个力组成的平面任意力系,则

$$F_R = \sum_{i=1}^{n} F_i \tag{4-1}$$

$$M_O = \sum_{i=1}^{n} M_O(F_i) \tag{4-2}$$

称 F_R 为该力系的主矢,M_O 为该力系对简化中心 O 的主矩。

结论：平面任意力系向其作用面内任意一点即简化中心简化,可以得到通过该点的一个主矢和一个主矩。主矢等于该力系中各力的矢量和,主矩等于各力对简化中心之矩的代数和。主矢与简化中心的选择无关,而主矩与简化中心的选择有关。

式(4-1)的解析表达式为

$$F_R = \sum F_x \boldsymbol{i} + \sum F_y \boldsymbol{j} \tag{4-3}$$

则

$$F_R = \sqrt{\left(\sum F_x\right)^2 + \left(\sum F_y\right)^2}$$

$$\cos(F_R, \boldsymbol{i}) = \frac{\sum F_x}{F_R}, \quad \cos(F_R, \boldsymbol{j}) = \frac{\sum F_y}{F_R}$$

4.1.3　平面任意力系简化结果分析

(1) 简化：平面任意力系简化为一主矢和主矩后,还可以做进一步简化,得到一个合力。

如图 4-4(a)所示,平面任意力系简化为过 O 点的主矢 F_R 和主矩 M_O。根据力偶的定义,现用 F_R' 和 F_R'' 表示力偶 M_O,并使 $F_R' = F_R'' = F_R$,且 $d = \dfrac{M}{F_R}$,如图 4-4(b)所示。根据加减平衡力系原理,去掉平衡力 F_R 和 F_R'',得到如图 4-4(c)所示作用于 O 点的力 F_R'。

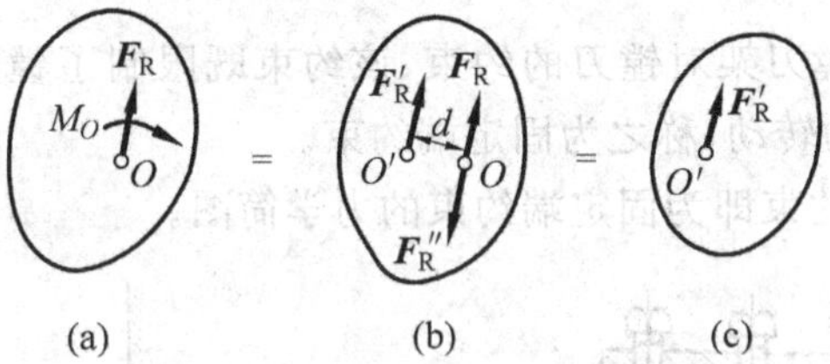

图　4-4

(2) 结论：作用在刚体所在平面内某点的一个力和一个力偶可以用作用在同平面内另一点的一个力代替;同样,作用在刚体所在平面内某点的一个力也可以用作用在同平面另一点的力和力偶代替。

4.1.4　分布力系的合力

(1) 求图 4-5(a)所示的三角形分布力的合力大小及作用线的位置。

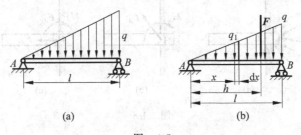

图　4-5

如图 4-5(b)所示,设距 A 端 x 处的力的集度为 q_1,$q_1 = \dfrac{x}{l} q$

则在此处 dx 微段上的力 $dF = q_1 dx = \dfrac{x}{l} q\, dx$

所以,三角形分布力的合力的大小为

$$F = \int_0^l dF = \int_0^l \frac{x}{l} q\, dx = \frac{1}{2} ql$$

即为三角形分布力面积的大小。

设合力 F 距 A 端的距离为 h,则合力对 A 端的力矩为 Fh,而 dx 微段上力 dF 对 A 端的矩为 $dF \cdot x$。

根据合力矩定理得

$$Fh = \int_0^l dF \cdot x = \int_0^l \frac{x}{l} q\, dx \cdot x, \quad 得\ h = \frac{2}{3} l$$

即三角形分布力的合力通过三角形的几何中心。

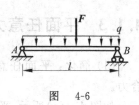

图　4-6

(2)同理,可以求得如图 4-6 所示的均布载荷的合力大小为 ql,即为均布力的面积;合力作用线通过均布力中点,即矩形的几何中心。

4.1.5　关于固定端的约束力

如图 4-7(a)为机床镗刀架对镗刀的约束,该约束既限制了镗刀在任意方向的移动,又限制了镗刀在任意方向的转动,称之为固定端约束。

如图 4-7(b)所示的约束即为固定端约束的力学简图。

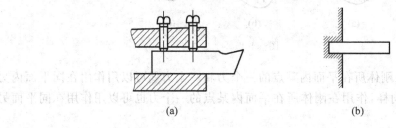

(a)　　　　　　　　　　　　　　(b)

图　4-7

对于平面问题,固定端约束中约束与被约束物体之间的约束力是在接触面上任意分布的一群力。如图 4-8(a)所示。

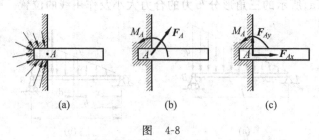

(a)　　　　　　　(b)　　　　　　　(c)

图　4-8

根据平面力系简化理论,可以将固定端约束的约束力向其作用面内的任意一点简化,得到一个合力 F_A 和合力偶 M_A,如图 4-8(b)所示。力 F_A 限制了物体在其作用面内的移动,通常在力的大小不能确定的情况下,用两个正交分力 F_{Ax}、F_{Ay} 代替;力偶 M_A 限制物体在作用面内的转动。因此,在平面问题中,固定端的约束通常用图 4-8(c)所示的两个正交分力 F_{Ax}、F_{Ay} 和一个力偶 M_A 表示。

4.2 平面任意力系的平衡条件和平衡方程

4.2.1 平面任意力系的平衡条件

由于平面任意力系可以简化成为一个平面汇交力系和一个平面力偶系,根据平面汇交力系和平面力偶系的平衡条件,可以得到平面任意力系平衡的充分和必要条件是:力系的主矢和对力的作用面内任意一点的主矩同时为零。即

$$\left.\begin{array}{l} F_R = 0 \\ M_O = 0 \end{array}\right\} \qquad (4\text{-}4)$$

4.2.2 平面任意力系的平衡方程

将式(4-2)、式(4-3)代入方程(4-4)即可得到平面任意力系平衡条件的解析表达式

$$\left.\begin{array}{l} \displaystyle\sum_{i=1}^{n} F_x = 0 \\[2mm] \displaystyle\sum_{i=1}^{n} F_y = 0 \\[2mm] \displaystyle\sum_{i=1}^{n} M_O(\boldsymbol{F}_i) = 0 \end{array}\right\} \qquad (4\text{-}5)$$

上式为平面任意力系的平衡方程。即:平面任意力系的平衡条件是各力在任选的两个正交轴上的投影分别为零;同时各力对刚体所在平面内任意一点之矩的代数和为零。

4.2.3 平面任意力系平衡方程的其他形式

为了方便实际计算,下面介绍平面任意力系平衡方程的其他两种形式。

1. 二力矩式

$$\left.\begin{array}{l} \displaystyle\sum_{i=1}^{n} F_x = 0 \\[2mm] \displaystyle\sum_{i=1}^{n} M_A(\boldsymbol{F}_i) = 0 \\[2mm] \displaystyle\sum_{i=1}^{n} M_B(\boldsymbol{F}_i) = 0 \end{array}\right\} \qquad (4\text{-}6)$$

其中A、B两点的连线不能与x轴垂直。

式(4-6)为平面任意力系平衡方程的二力矩式。

下面对方程(4-6)成立的限定条件加以论证。

力系满足方程(4-5)中后两式时,力系有两种可能:力系平衡或合力通过A、B两点的连线;若力系再满足方程(4-6)中第一式,则若合力不为零也只能通过A、B的连线且垂直于x轴方向。而附加条件A、B两点的连线不与x轴垂直,则排除了合力存在的可能性。所以,力系必定平衡。

2. 平面汇交力系平衡方程的三力矩式

$$\left.\begin{array}{l} \displaystyle\sum_{i=1}^{n} M_A(\boldsymbol{F}_i) = 0 \\[2mm] \displaystyle\sum_{i=1}^{n} M_B(\boldsymbol{F}_i) = 0 \\[2mm] \displaystyle\sum_{i=1}^{n} M_C(\boldsymbol{F}_i) = 0 \end{array}\right\} \qquad (4\text{-}7)$$

其中A、B、C三点不能共线。

式(4-7)称为平面任意力系平衡方程的三力矩式。

下面对方程(4-7)成立的限定条件加以论证。

平面任意力系若同时满足联立方程(4-7)中三个方程,则说明力系平衡或简化为通过A、B、C三点的连线的合力;而附加条件A、B、C三点不共线,则排除了力系简化为通过A、B、C三点的连线的合力的可能。因此,力系必定平衡。

说明:从式(4-5)~式(4-7)可以看出,平面任意力系可以列出多个(大于三个)的平衡方程。但是对于所研究的对象来说,其中只有三个方程独立。因此,无论采用其中哪种形式的平衡方程,只能求解三个未知数。

例4-1 如图4-9(a)所示支架,杆AB与杆CD在A、D处用铰链分别连接于铅直墙上,并在C处与杆AB铰链在一起,在杆AB上作用一铅直力$\boldsymbol{F}$。已知$AC=CB$,$F=20\ \text{kN}$。设各杆的自重不计,求A处的约束力和杆CD所受的力。

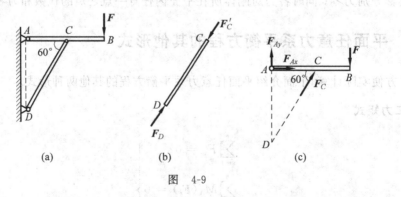

图 4-9

解:(1) 以杆AB为研究对象。杆CD为二力杆,其受力如图4-9(b)所示。杆AB受到主动力为$\boldsymbol{F}$,二力杆CD的约束力$\boldsymbol{F}_C$(其为$\boldsymbol{F}_C'$的反作用力),固定铰链A的约束力$\boldsymbol{F}_{Ax}$、$\boldsymbol{F}_{Ay}$,

如图 4-9(c)所示。

(2) 列平衡方程

设　$AC = CB = l$

方法一　根据方程(4-5)得

$$
\left.
\begin{array}{l}
\sum F_x = 0 \\
\sum F_y = 0 \\
\sum M_A(\boldsymbol{F}) = 0
\end{array}
\right\}
\quad 即 \quad
\left.
\begin{array}{l}
F_{Ax} + F_C \cos 60° = 0 \\
F_{Ay} + F_C \sin 60° - F = 0 \\
F_C \sin 60°l - F \times 2l = 0
\end{array}
\right\}
\tag{a}
$$

方法二　根据方程(4-6)得

$$
\left.
\begin{array}{l}
\sum F_y = 0 \\
\sum M_A(\boldsymbol{F}) = 0 \\
\sum M_D(\boldsymbol{F}) = 0
\end{array}
\right\}
\quad 即 \quad
\left.
\begin{array}{l}
F_{Ay} + F_C \sin 60° - F = 0 \\
F_C \sin 60°l - F \times 2l = 0 \\
-F2l - F_{Ax}l \tan 60° = 0
\end{array}
\right\}
\tag{b}
$$

方法三　根据方程(4-6)得

$$
\left.
\begin{array}{l}
\sum F_x = 0 \\
\sum M_A(\boldsymbol{F}) = 0 \\
\sum M_C(\boldsymbol{F}) = 0
\end{array}
\right\}
\quad 即 \quad
\left.
\begin{array}{l}
F_{Ax} + F_C \cos 60° = 0 \\
F_C \sin 60°l - F \times 2l = 0 \\
-F_{Ay}l - Fl = 0
\end{array}
\right\}
\tag{c}
$$

方法四　根据方程(4-6)得

$$
\left.
\begin{array}{l}
\sum F_x = 0 \\
\sum M_D(\boldsymbol{F}) = 0 \\
\sum M_C(\boldsymbol{F}) = 0
\end{array}
\right\}
\quad 即 \quad
\left.
\begin{array}{l}
F_{Ax} + F_C \cos 60° = 0 \\
-F \times 2l - F_{Ax}l \tan 60° = 0 \\
-F_{Ay}l - Fl = 0
\end{array}
\right\}
\tag{d}
$$

方法五　根据方程(4-6)得

$$
\left.
\begin{array}{l}
\sum F_y = 0 \\
\sum M_D(\boldsymbol{F}) = 0 \\
\sum M_C(\boldsymbol{F}) = 0
\end{array}
\right\}
\quad 即 \quad
\left.
\begin{array}{l}
F_{Ay} + F_C \sin 60° - F = 0 \\
-F \times 2l - F_{Ax}l \tan 60° = 0 \\
-F_{Ay}l - Fl = 0
\end{array}
\right\}
\tag{e}
$$

方法六　根据方程(4-7)得

$$
\left.
\begin{array}{l}
\sum M_A(\boldsymbol{F}) = 0 \\
\sum M_C(\boldsymbol{F}) = 0 \\
\sum M_D(\boldsymbol{F}) = 0
\end{array}
\right\}
\quad 即 \quad
\left.
\begin{array}{l}
F_C \sin 60°l - F2l = 0 \\
F_{Ay}l - Fl = 0 \\
-F \times 2l - F_{Ax}l \tan 60° = 0
\end{array}
\right\}
\tag{f}
$$

(3) 解平衡方程

任解以上一组平衡方程可以得到同一种结果,即

$$
F_C = \frac{2F}{\sin 60°} = 46.19 \text{ kN}
$$

$$
F_{Ax} = -F_C \cos 60° = -23.09 \text{ kN}
$$

$$
F_{Ay} = F - F_C \sin 45° = -10 \text{ kN}
$$

式中负号表示约束力的实际方向与图示假设方向相反。

解题说明：

- 恰当地选取矩心（通常为多个未知力的交点），可以减少平衡方程中未知力的数目，易于解题。
- 对于平面任意力系可以列出多个方程，其中三个方程是独立的。
- 采用多力矩式比较简便，往往不用求解联立方程。

例 4-2　梁 AB 的支撑和载荷如图 4-10(a)所示。已知 M，求支座 A、B 的约束力。

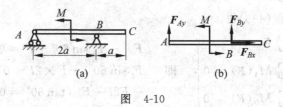

图　4-10

解：（1）以梁 AB 为研究对象。梁 AB 受到主动力偶 M，滚动铰链 A 的约束力 F_{Ay}，固定铰链 B 的约束力 F_{Bx}、F_{By}，如图 4-10(b)所示。

（2）列平衡方程

根据式(4-6)得

$$
\left.
\begin{aligned}
\sum F_x &= 0 \\
\sum M_A(F) &= 0 \\
\sum M_B(F) &= 0
\end{aligned}
\right\}
\quad 即 \quad
\left.
\begin{aligned}
F_{Bx} &= 0 \\
F_{By}2a + M &= 0 \\
-F_{Ay}2a + M &= 0
\end{aligned}
\right\}
$$

（3）解平衡方程，得

$$F_{Ay} = \frac{M}{2a}$$

$$F_{Bx} = 0$$

$$F_{By} = -\frac{M}{2a}$$

例 4-3　图 4-11(a)所示刚架中，已知 $l=2\ \text{m}$，$q=3\ \text{kN/m}$，$F=5\ \text{kN}$，不计刚架自重，求固定端 A 处的约束力。

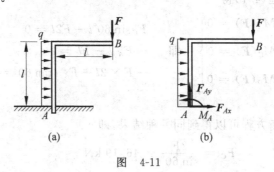

图　4-11

解：（1）以刚架为研究对象。刚架受到集中力 F 和均布力 q，固定端 A 的约束力 M_A、

F_{Ax}、F_{Ay}，如图 4-11(b)所示。

（2）列平衡方程。

根据方程(4-5)得

$$\left.\begin{array}{l}\sum F_x = 0 \\ \sum F_y = 0 \\ \sum M_A(\boldsymbol{F}) = 0\end{array}\right\} \quad 即 \quad \left.\begin{array}{l}F_{Ax} + ql = 0 \\ F_{Ay} - F = 0 \\ M_A - Fl - ql\dfrac{l}{2} = 0\end{array}\right\}$$

（3）解平衡方程。

$$F_{Ax} = -6 \text{ kN}$$
$$F_{Ay} = 5 \text{ kN}$$
$$M_A = 16 \text{ kN} \cdot \text{m}$$

4.3　物系的平衡

由两个或两个以上的物体所组成的系统，称为**物系**。如工程中的组合构架等即为物系。

仅仅研究整个系统不能确定全部未知力时，为了解决问题，需要研究组成物系的某个或多个物体。由于在研究物系的平衡问题时，可将系统或其中某个构件看作刚体，因此，物系的平衡问题也是多刚体的平衡问题。

当物系平衡时，组成物系的每个物体都处于平衡状态。利用这一理论，可以列出多组平衡方程。如果物系是由 n 个物体组成，通常可以列出 $3n$ 个独立的方程（对于平面汇交力系等问题，平衡方程的数目将相应减少）。根据解题的需要，可以选择其中的方程用以求解未知量。

下面举例说明。

例 4-4　如图 4-12 所示，直角三角板 ABC 顶点分别以铰链用连杆连接于固定点。已知作用于三角板上一矩为 M 的力偶，三角板的斜边 AB 长为 a，一个锐角为 α，连杆及三角板的重量均忽略不计，求三根连杆所受的力。

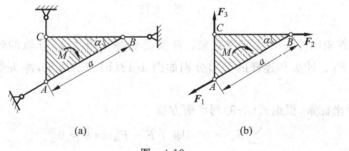

图　4-12

解：（1）以三角板为研究对象。由于三根连杆的自重不计，所以三根连杆均为二力杆。三根连杆通过铰链作用于三角板顶端的力均沿杆的方向。假设三根连杆均受拉，三角板的受力如图 4-12(b)所示。

(2) 列平衡方程

根据方程(4-7)得

$$\left.\begin{array}{l} \sum M_A(\boldsymbol{F}) = 0 \\ \sum M_B(\boldsymbol{F}) = 0 \\ \sum M_C(\boldsymbol{F}) = 0 \end{array}\right\} \quad 即 \quad \left.\begin{array}{l} -F_2 a\sin\alpha - M = 0 \\ -F_3 a\cos\alpha - M = 0 \\ -F_1 a\sin\alpha\cos\alpha - M = 0 \end{array}\right\}$$

(3) 解平衡方程,得

$$F_1 = -\frac{2M}{a\sin 2\alpha}$$

$$F_2 = -\frac{M}{a\sin\alpha}$$

$$F_3 = -\frac{M}{a\cos\alpha}$$

负号表示杆受力方向与图示方向相反,即三根连杆分别受到大小为 $\dfrac{2M}{a\sin 2\alpha}$, $\dfrac{M}{a\sin\alpha}$, $\dfrac{M}{a\cos\alpha}$ 的压力。

例 4-5 曲柄冲床机构简图如图 4-13(a)所示。当作用于轮 O 上的力偶矩为 M,OA 位于水平位置时,系统处于平衡状态。已知:$OA = a$,若忽略摩擦和物体的自重,求:冲压力 $\boldsymbol{F}$ 的大小。

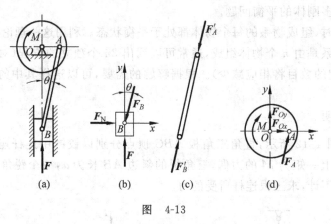

图 4-13

解:(1) 首先以冲头 B 为研究对象。冲头受到冲压阻力 $\boldsymbol{F}$、导轨的约束力 $\boldsymbol{F}_N$、二力杆 AB 的作用力 $\boldsymbol{F}_B$。冲头和连杆的受力分别如图 4-13(b)、(c)所示,冲头受到平面汇交力系作用。

建立图示坐标系,根据式(2-9)列平衡方程

$$\sum F_y = 0 \quad 即 \quad F - F_B\cos\theta = 0 \tag{a}$$

(2) 再以轮 O 为研究对象。轮 O 受到了主动力偶 M、二力杆 AB 的作用力 $\boldsymbol{F}_A$、轴承的约束反力 $\boldsymbol{F}_{Ox}$、$\boldsymbol{F}_{Oy}$,受力如图 4-13(d)所示。

根据式(4-5)列平衡方程

$$\sum M_O(\boldsymbol{F}) = 0 \quad 即 \quad F_A \cos \theta \cdot a - M = 0 \tag{b}$$

由于 AB 杆是二力杆，所以

$$F_A = F'_A = F'_B = F_B \tag{c}$$

联立方程(a)、(b)、(c) 解得

$$F = \frac{M}{a} \quad 即为所求。$$

例 4-6　如图 4-14(a)所示的梁 AB 与梁 BC 在 B 处铰接，A 处为固定端约束，C 处为滚动铰链约束。已知作用于梁 AB 上一矩为 M 的力偶，作用在梁 BC 上集度为 q 的均布力，两梁长均为 a。若不计梁的自重，求：A 端的约束力。

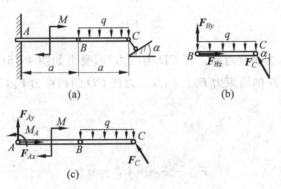

图　4-14

解： (1) 先以梁 BC 为研究对象。梁 BC 受到均布力 q，圆柱铰链 B 的约束力 $\boldsymbol{F}_{Bx}$、$\boldsymbol{F}_{By}$，滚动铰链 C 的约束力 $\boldsymbol{F}_C$，如图 4-14(b)所示。

根据式(4-5)列平衡方程

$$\sum M_B(\boldsymbol{F}) = 0 \quad 即 \quad F_C a \cos \alpha - qa \cdot \frac{a}{2} = 0 \tag{a}$$

(2) 再以整体为研究对象。系统受到力偶 M、均布力 q，固定端 A 的约束力 M_A、F_{Ax}、F_{Ay}，滚动铰链 C 的约束力 F_C，如图 4-14(c)所示。

根据式(4-5)列平衡方程

$$\left. \begin{array}{l} \sum F_x = 0 \\ \sum F_y = 0 \\ \sum M_A(\boldsymbol{F}) = 0 \end{array} \right\} \quad 即 \quad \left. \begin{array}{l} F_{Ax} - F_C \sin \alpha = 0 \\ F_{Ay} - qa + F_C \cos \alpha = 0 \\ M_A - qa \cdot \frac{3}{2}a + F_C \cos \alpha \cdot 2a - M = 0 \end{array} \right\} \tag{b}$$

联立方程(a)、(b)解得

$$F_{Ax} = \frac{1}{2}qa \tan \alpha$$

$$F_{Ay} = \frac{1}{2}qa$$

$$M_A = \frac{1}{2}qa^2 + M$$

即为所求。

例 4-7　如图 4-15(a)所示平面结构,两杆在 C 处以铰链连接。已知:半径 $R=0.5$ m,$q=2$ kN/m,不计各杆的自重,求:A、D 处的约束力。

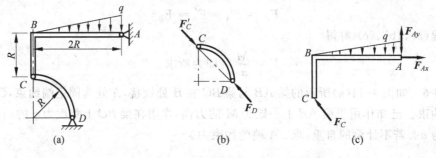

图　4-15

解:(1) 以杆 AC 为研究对象。杆 CD 为二力杆,受力如图 4-15(b)所示。杆 AC 三角形分布力 q,固定铰链 A 的约束力 F_{Ax}、F_{Ay},二力杆 CD 的约束力 F_C(其为 F_C' 的反作用力),如图 4-15(c)所示。

(2) 列平衡方程

根据式(4-5)得

$$\left. \begin{array}{l} \sum F_x = 0 \\ \sum F_y = 0 \\ \sum M_A(\boldsymbol{F}) = 0 \end{array} \right\} \quad 即 \quad \left. \begin{array}{l} F_{Ax} - F_C \sin 45° = 0 \\ F_{Ay} - \dfrac{1}{2}q2R + F_C \cos 45° = 0 \\ \dfrac{1}{2}q2R \cdot \dfrac{1}{3}2R - F_C \cos 45°2R - F_C \sin 45°R = 0 \end{array} \right\}$$

(3) 求解平衡方程

$$F_{Ax} = 0.222 \text{ kN}$$
$$F_{Ay} = 0.778 \text{ kN}$$
$$F_C = 0.314 \text{ kN}$$

即 A、D 处的约束力大小分别为:$F_{Ax}=0.222$ kN,$F_{Ay}=0.778$ kN,$F_D=F_C=0.314$ kN。

解题要点:

- 对于物系平衡,是选择系统还是选择某个或某几个物体为研究对象,要具体问题具体分析,根据受力分析和未知力确定。
- 受力分析时,要灵活运用二力杆的概念,将未知力的方向已知化。
- 在选择了第一个研究对象后,当未知力的数量多于平衡方程数时,需要建立补充方程,即需要通过再次选择研究对象,补充与前面未知力相关的平衡方程。
- 在有多种选择均能求解未知力时,通常选择受力简单的物体。例如例 4-6 中在选择梁 AB 或梁 BC 均能建立补充方程时,选择了受力简单的梁 BC 为研究对象。
- 尽管通常物系平衡问题可以列出 $3n$ 个方程(对于平面汇交力系,平衡方程数目相应减少),但是,解题过程中要根据具体问题的需要,通过有选择地列出必要方程简化解题过程。例如例 4-5 中解(1)只列出 $\sum F_y = 0$ 而省略了 $\sum F_x = 0$。

4.4　静定与超静定的概念

由前面的例题可以看出，无论是单个物体还是物系的平衡问题，最终都能通过平衡方程将未知数求解，即系统未知力个数等于或少于独立平衡方程的数目，称这类问题为**静定问题**。

在工程实际中，往往在理论上已经平衡的结构上再增加另外的约束，以提高结构的刚度和坚固性，从而使未知力的个数多于独立平衡方程的数目，使问题不能通过平衡方程完全求解，称此类问题为**超静定问题**。

下面介绍静定结构和超静定结构的实例。

(1) 如图 4-16(a)所示，吊车挂钩吊起重物。因重物受到了平面汇交力系的作用，可以得到两个平衡方程，而未知的约束力为两根绳索的拉力，则平衡方程数目等于未知力数目，故此问题为静定问题。若为了增加重物的平稳性，用三根绳索悬挂重物，如图 4-16(b)所示。约束力增加为三个，则未知力数目多于平衡方程的数目，因此为超静定问题。

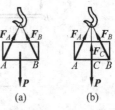

图　4-16

(2) 如图 4-17(a)所示结构，轴 AB 在 A 端受到固定端约束，B 端受到滚动铰链约束，共有 4 个约束力，而平面任意力系只有三个平衡方程，则未知力数目多于平衡方程数目，为超静定问题；而如图 4-17(b)所示的结构，也是在 A 端受到固定端约束，B 端受到滚动铰链约束，而 C 处为平面铰链约束，因此共有 6 个未知力，但是由于此结构是由 AC、BC 两部分组成，每部分均有 3 个平衡方程，共有 6 个平衡方程，未知力数目等于平衡方程数目，为静定结构。

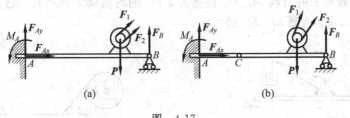

图　4-17

对于超静定问题，必须通过材料力学和结构力学中的变形协调条件建立补充方程来求解，这已经超出了静力学的研究范畴。

习　题

4-1　如图所示，力 F 和一矩为 $M = F \cdot r$ 的力偶分别使圆盘绕 A 轴转动，试问：两种情况下轴 A 的受力有何不同？

4-2　已知作用于梁上的外力为 F、力偶矩为 M、单位长度梁的重量为 q，求支座 A、B 的约束力。

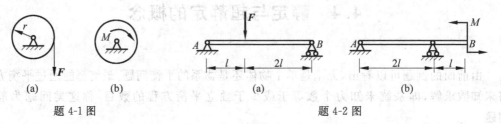

题 4-1 图　　　　　　　　　　　题 4-2 图

4-3　图示刚架的 A 端为固定端约束，已知：$F = 10\,\text{kN}$，$q = 4\,\text{kN/m}$，若不计刚架自重，求：A 端的约束力。

4-4　拖车重为 P，汽车牵引力为 F，拖车在倾角为 α 的斜面上行驶。已知：a、b、l、h，求：拖车前后轮对地面的压力。

题 4-3 图　　　　　　　　　　　题 4-4 图

4-5　图示吊车梁，已知吊车重 $60\,\text{kN}$，其重心在铅直线 CD 上，吊车起吊的重物重为 $30\,\text{kN}$。吊车的吊臂和梁 AB 在同一铅直面内时，求使 A、B 两支座的约束力相等，吊车重心在梁上的位置 x。

4-6　作用在两鼓轮上的力偶 M_1、M_2 将重为 $5\,\text{kN}$ 的均质梁匀速吊起。已知两鼓轮半径均为 $0.25\,\text{m}$，求：力偶 M_1、M_2 的大小。

题 4-5 图　　　　　　　　　　　题 4-6 图

4-7　梁 AC 和梁 CD 通过铰链 C 连接。已知：作用于梁 AC 上的集中力为 F，作用于梁 CD 上的力偶为 M。不计梁的自重，求：A、D 处的约束力。

4-8　水平面内两边长为 a 的等边三角板 ABC 与 CDE 在 C 处铰接，已知作用于三角板 ABC 上的铅直力为 F、作用于三角板 CDE 上的力偶为 M，求 A、D 处的约束力。

4-9　利用平面任意力系的平衡方程求解题 2-8、题 3-6、题 3-8，并从中体会一下平面任意力系与平面汇交力系、平面力偶系之间的关系。

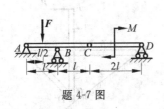

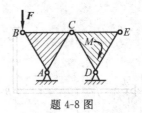

题 4-7 图　　　　　　　　　题 4-8 图

4-10　图示结构，已知作用在构件上的水平力为 **F**，构件尺寸如图所示。不计构件自重，求：*A*、*C* 处的约束力。

4-11　连续梁尺寸如图所示，斜面倾角为 α。已知作用在梁上的集中力 **P** 和力偶 *M*，求梁在 *A* 处的约束力。

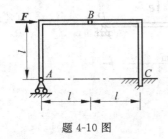

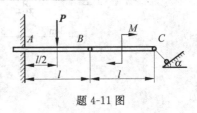

题 4-10 图　　　　　　　　　题 4-11 图

4-12　塔式起重机尺寸如图所示。起重机重 $P=700$ kN，其最大起重量 200 kN。求保证起重机满载和空载时都不致翻倒平衡块的重量 α。

4-13　如图所示，各杆均铰接，且 $AE=BE=CE=DE=l$，*B* 端插入地内。已知作用在 *ED* 中点处一铅垂力 **P**，不计杆重，求 *B* 点的约束力和 *AC* 杆内力。

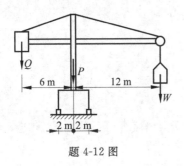

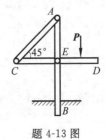

题 4-12 图　　　　　　　　　题 4-13 图

4-14　图示结构，杆 *AB* 与杆 *BC* 相垂直。作用在杆 *AB* 上的力偶矩为 *M*。杆 *AB* 长为 *l*，不计各杆自重，求杆 *BC* 的内力。

4-15　图示结构，杆 *BD* 与杆 *DE* 铰接后，将 *D* 端置于光滑斜面上，且 *BD* 垂直于斜面；*A* 处与斜面用固定铰链连接。已知 $AC=1.6$ m，$BC=0.9$ m，$CD=EC=1.2$ m，$AD=2$ m，且杆 *AB* 水平，杆 *DE* 铅垂。作用在杆 *DE* 上 *E* 端的水平力 $P=100$ N，求 *BD* 杆所受的力。

4-16　连续梁 *AC* 和 *CD* 在 *C* 处铰接，重为 50 kN 的起重机 *Q* 置于梁上，起重载荷 $P=10$ kN。尺寸如图所示，不计梁重，求：*A*、*B* 和 *D* 三处的约束力。

题 4-14 图　　　　　题 4-15 图

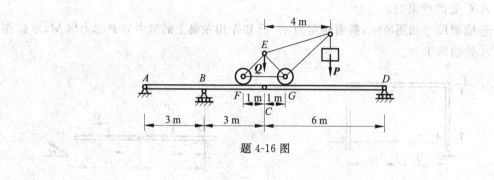

题 4-16 图

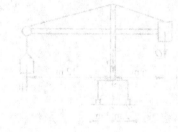

第5章 摩 擦

引 言

前几章所涉及的平衡问题都把接触表面都看成是绝对光滑的,忽略了物体之间的摩擦,这种简化计算适用于摩擦力比较小的情况。

事实上完全光滑的表面是不存在的。工程中有许多与摩擦有关的平衡问题。

下面介绍摩擦的概念和分类。

1. 摩擦

相接触的两个物体,产生相对运动或相对运动趋势时,其接触面处产生阻止物体运动或运动趋势的机械作用的现象称为摩擦。

2. 摩擦的分类

摩擦力与两接触物体的材料、表面状况和相对运动状态有关。

按两物体相对运动状态,摩擦可分为:滑动摩擦和滚动摩擦。

按相互接触介质,摩擦可分为:干摩擦和湿摩擦。

本章重点研究静滑动摩擦及其平衡问题。

5.1 滑 动 摩 擦

5.1.1 静滑动摩擦力

当两个相接触物体有相对滑动或相对滑动趋势时,其接触面处产生阻碍物体滑动或滑动趋势的机械作用的力,即为滑动摩擦力。其为接触面对物体作用的切向约束力。

滑动摩擦力的方向与相对滑动或相对滑动趋势方向相反,其大小根据主动力大小可分为:静滑动摩擦力、最大静滑动摩擦力和动滑动摩擦力。

如图 5-1(a)所示,在非光滑的水平面上放置一重为 P 的物体,此时在重力 P 和地面的法向约束力 F_N 的作用下处于静止状态。现在重物上施加一水平力 F,此力由零逐渐增大。此时由于是非光滑接触,作用

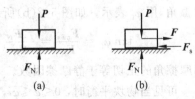

图 5-1

于物块上的约束力除水平法向力 F_N 外,还有切向力 F_s,如图 5-1(b)所示。切向力 F_s 即为摩擦力。

当拉力 F 不是很大时,物体仍然保持静止,$F_s=F$。此时 F_s 为静滑动摩擦力,简称静摩擦力,其大小随着主动力 F 的增大而增大。但它并不能随着主动力的增大而无限增大。当主动力 F 增大到一定程度,物块处于平衡的临界状态,此时静摩擦力达到最大值,即为最大静滑动摩擦力,简称最大静摩擦力,记为 F_{max}。当 F 再继续增大,物体即失去平衡而滑动。

库仑通过实验得到库仑摩擦定律:最大静摩擦力的大小与两物体间的正压力成正比。即

$$F_{max} = f_s \cdot F_N \tag{5-1}$$

f_s 为静滑动摩擦系数。它取决于两物体的材料和表面粗糙度等,其可在工程设计手册中查到。

综上可见:静摩擦力方向与物体相对滑动趋势方向相反;其大小 $0 \leqslant F_s \leqslant F_{max}$。

5.1.2 动滑动摩擦力

当物体开始滑动时,两物体间的摩擦力即为动滑动摩擦力,简称动摩擦力,记为 F_d。其大小与两物体间的正压力成正比。即

$$F_d = f_d \cdot F_N \tag{5-2}$$

f_d 为动滑动摩擦系数。它也与两物体的材料和表面粗糙度等有关,同时它随着两物体间的相对滑动速度的增大而减小。当相对速度不大时,其仍可视为一常数。

5.2 摩擦角和自锁现象

5.2.1 摩擦角

对于非光滑接触面,法向约束力 F_N 和切向约束力 F_s 的合力即为接触面的非理想约束力,称为全约束力,记为 F_{RA}。如图 5-2(a)所示。全约束力 F_{RA} 与法向约束力 F_N 的夹角用 φ 表示。

当物块处于平衡的临界状态时,全约束力 F_{RA} 达到最大值,此时全约束力 F_{RA} 与法线方向的夹角称为摩擦角,用 φ_f 表示。如图 5-2(b)所示,所以

$$\tan \varphi_f = \frac{F_{max}}{F_N} = \frac{f_s F_N}{F_N} = f_s \tag{5-3}$$

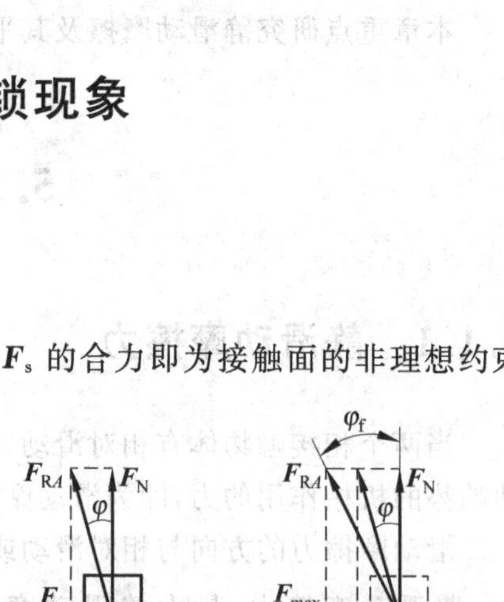

即摩擦角的正切等于静摩擦因数。

可见当物块平衡时,$0 \leqslant \varphi \leqslant \varphi_f$,即全约束力的作用线一定在摩擦角之内。

图 5-2

5.2.2　自锁现象

当物体所受外力的作用线在摩擦角 φ_f 之内,无论外力多大,此物体都会保持静止,这种现象称为自锁。如图 5-3(a)所示,此时物体受到的主动力的合力 F_{RA} 和全约束力 F_R 满足二力平衡条件,物体一定平衡。反之,当物体所受外力的作用线在摩擦角之外,无论外力多小,此物体一定产生滑动。如图 5-3(b)所示,此时物体受到的主动力的合力 F_{RA} 和全约束力 F_R 不满足二力平衡条件,所以物体不会平衡,必将产生滑动。

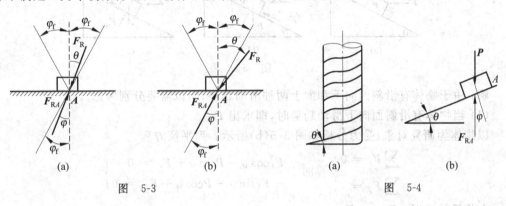

图　5-3　　　　　　　　　　　　　图　5-4

5.2.3　自锁现象的应用

工程中很多机构是根据自锁原理设计出来的,下面以千斤顶为例简单介绍。

千斤顶的螺纹部分的示意图如图 5-4(a)所示,螺纹的升角为 θ。当重物压在千斤顶上时,相当于重物置于倾角为 θ 的斜面上,如图 5-4(b)所示。为了使千斤顶起到支撑的作用,必须使重物受到的全约束力 F_{RA} 与重物的重力 P 平衡;所以全约束力 F_{RA} 与法线方向的夹角 φ 必须小于摩擦角 φ_f,即保证千斤顶的螺纹自锁。由图 5-4(b)知:$\varphi=\theta$。所以为保证千斤顶正常工作,就必须使千斤顶螺纹的升角与摩擦角之间满足:

$$\theta \leqslant \varphi_f$$

5.3　摩擦平衡问题

求解考虑摩擦时的平衡问题的方法和步骤与前几章介绍的相似,仍然是正确选择研究对象和画出受力图后,再建立平衡方程。但是此类问题有如下特点:

(1)受力分析时,必须考虑接触面间的静摩擦力 F_s;摩擦力的方向要根据两物体的相对滑动趋势确定。

(2)为了求解静摩擦力 F_s 的大小,需要补充方程 $F_s \leqslant F_{max}$。

(3)由于静摩擦力 F_s 通常不是一个确定的值,而是一个范围,即 $0 \leqslant F_s \leqslant F_{max}$,所以摩擦平衡问题的解也随之为有一定范围,而不是确定的值。

为了求解方便,求解此类问题时,通常设为平衡的临界状态,即静摩擦力达到最大值,所以补充方程为:$F_s = f_s \cdot F_N$。最后再讨论解的平衡范围。

下面举例说明。

例 5-1 如图 5-5(a)已知重为 P 的物体放在倾角为 α 的斜面上,物体与斜面间的摩擦系数为 f_s。求:保证物体静止时,水平力 F 的大小。

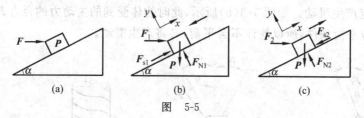

图 5-5

解:由于物体有沿斜面向下和向上两种滑动趋势,所以需要分别考虑。

(1)当物体有沿斜面向下滑动趋势时,即求出 F_{min}。

以物体为研究对象,受力分析如图 5-5(b)所示。列平衡方程:

$$\left.\begin{array}{r}\sum F_x = 0\\\sum F_y = 0\end{array}\right\} \quad 即 \quad \left.\begin{array}{r}F_1\cos\alpha - P\sin\alpha + F_{s1} = 0\\ -F_1\sin\alpha - P\cos\alpha + F_{N1} = 0\end{array}\right\}$$

在临界状态时:$F_{s1} = f_s F_{N1}$

求解以上方程组得

$$F_1 = \frac{\sin\alpha - f_s\cos\alpha}{\cos\alpha + f_s\sin\alpha}P = F_{min}$$

(2)当物体有沿斜面向上滑动趋势时,即求出 F_{max}。

以物体为研究对象,受力分析如图 5-5(c)所示。列平衡方程:

$$\left.\begin{array}{r}\sum F_x = 0\\\sum F_y = 0\end{array}\right\} \quad 即 \quad \left.\begin{array}{r}F_2\cos\alpha - P\sin\alpha - F_{s2} = 0\\ -F_2\sin\alpha - P\cos\alpha + F_{N2} = 0\end{array}\right\}$$

在临界状态时:$F_{s2} = f_s F_{N2}$

求解以上方程组得

$$F_2 = \frac{\sin\alpha + f_s\cos\alpha}{\cos\alpha - f_s\sin\alpha}P = F_{max}$$

综上可知保证物块静止,水平力 F 应满足:

$$\frac{\sin\alpha - f_s\cos\alpha}{\cos\alpha + f_s\sin\alpha}P \leqslant F \leqslant \frac{\sin\alpha + f_s\cos\alpha}{\cos\alpha - f_s\sin\alpha}P$$

例 5-2 梯子长 $AB = l$,自重为 P,现有一重为 W 的人在梯子上爬行。若梯子与墙和地面的静摩擦系数均为 f_s,求保证梯子处于平衡时,梯子与地面间的最小夹角?

解:由分析知,当人爬到梯子的最上端时,梯子最易倾倒,所以用此位置进行计算。

以梯子为研究对象,受力分析如图 5-6 所示。

列平衡方程:

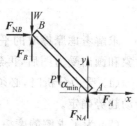

图 5-6

$$\left.\begin{array}{l}\sum \boldsymbol{F}_x = 0\\[4pt]\sum \boldsymbol{F}_y = 0\\[4pt]\sum \boldsymbol{M}_B = 0\end{array}\right\} \text{ 即 }\left.\begin{array}{l}\boldsymbol{F}_{NB} - \boldsymbol{F}_A = 0\\[4pt]\boldsymbol{F}_{NA} + \boldsymbol{F}_B - \boldsymbol{W} - \boldsymbol{P} = 0\\[4pt]-\boldsymbol{P} \cdot \dfrac{l}{2} \cdot \cos \alpha_{\min} - \boldsymbol{F}_A \cdot l \cdot \sin \alpha_{\min} + \boldsymbol{F}_{NA} \cdot l\cos \alpha_{\min} = 0\end{array}\right\}$$

临界状态时,有

$$\boldsymbol{F}_A = f_s \cdot \boldsymbol{F}_{NA}$$
$$\boldsymbol{F}_B = f_s \cdot \boldsymbol{F}_{NB}$$

联立以上方程解得

$$\alpha_{\min} = \arctan \frac{2W + (1 - f_s^2)P}{2(W + P)f_s}$$

例 5-3　图 5-7(a)所示重为 $\boldsymbol{P} = 6\text{ kN}$ 的均质木箱置于水平地面上,其与地面间的静滑动摩擦系数为 $f_s = 0.3$,其尺寸 $h = 2b = 1\text{ m}, a = 0.7\text{ m}$. 现有一水平力推箱子,求保持木箱平衡的最大推力。

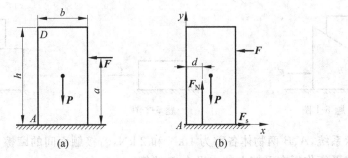

图　5-7

解:以箱子为研究对象,受力分析如图 5-7(b)所示。

列平衡方程:

$$\sum F_x = 0, \quad \boldsymbol{F}_s - \boldsymbol{F} = 0 \tag{1}$$

$$\sum F_y = 0, \quad \boldsymbol{F}_N - \boldsymbol{P} = 0 \tag{2}$$

$$\sum M_B = 0, \quad \boldsymbol{F} \cdot a - \boldsymbol{P} \cdot \frac{b}{2} + \boldsymbol{F}_N \cdot d = 0 \tag{3}$$

在力 $\boldsymbol{F}$ 的作用下箱子有两种运动趋势,即沿着地面水平向前滑动和绕 A 点翻动。

当木箱有沿地面水平向前滑动的趋势时,有:

$$\boldsymbol{F}_s = f_s \boldsymbol{F}_N \tag{4}$$

联立式(1)、(2)、(4)得: $\boldsymbol{F} = f_s \boldsymbol{P} = 2.4\text{ kN}$

当木箱有绕 A 点翻动趋势时,式(3)中 $d = 0$,解得

$$\boldsymbol{F} = \frac{Pb}{2a} = 2.3\text{ kN}$$

所以保持木箱平衡的最大推力为 2.3 kN。

说明:当物体滚动或有滚动趋势时,物体与接触面间将产生滚动摩擦力矩,简称滚动摩阻,它同样与两物体间的正压力成正比。但由于在大多数情况下其值较小,可以忽略不计,本书对此不做介绍。如需要计算滚动摩擦力,读者可参阅相关资料。

习　题

5-1　图示系统，A、B 两物体各重为 P 和 Q，作用在系统上的水平力为 F。若考虑接触面间的摩擦力，试画出各物体的受力图。

5-2　图示物块重为 10 kN，物块与地面间的动滑动摩擦系数为 0.1，静滑动摩擦系数为 0.2。求当作用于物块上的水平力 F 分别为 1 kN、2 kN、3 kN 时物块与地面间的摩擦力？

5-3　若千斤顶螺杆与螺母间的摩擦系数为 0.08，从理论上计算该千斤顶螺纹的升角为多大？

5-4　图示系统，重分别为 W_1 和 W_2 的两物块置于粗糙的水平面上。现有一水平力 F 作用在下面的物块上。若系统保持平衡，问两物块间的摩擦力为多大？

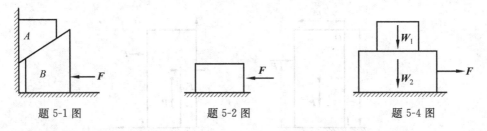

题 5-1 图　　　　　　　题 5-2 图　　　　　　　题 5-4 图

5-5　图示系统，A、B 两物体各重为 1 kN 和 2 kN，若接触面间的摩擦系数均为 0.2，求保持系统平衡作用在系统上的水平力 F 的值。

5-6　图示系统梯子长为 l，重为 P，若梯子与墙和地面的静摩擦系数 $f_s = 0.5$，求 α 多大时，梯子能处于平衡？

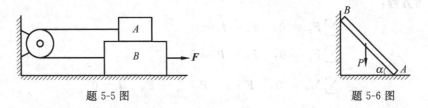

题 5-5 图　　　　　　　　　　　题 5-6 图

5-7　已知：B 块重 P，与斜面的摩擦角 $\varphi_f = 15°$，A 块与水平面的摩擦系数为 f，不计杆自重。求：使 B 块不下滑的物块 A 的最小重量。

5-8　矩形均质木箱重为 $P = 4$ kN，长为 $l = 1$ m，高为 $h = 2$ m。现将木箱置于倾角为 $\alpha = 30°$ 的斜面上，木箱与斜面间的摩擦系数为 $f_s = 0,4$。问当推力 $F = 2$ kN 时木箱是否能平衡？

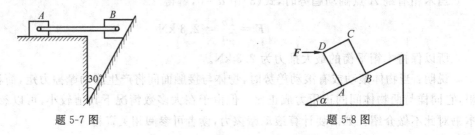

题 5-7 图　　　　　　　　　　题 5-8 图

第 2 篇 材 料 力 学

第6章　材料力学导论

6.1　材料力学的研究内容和基本假设

学 庆 摔 林　篇 2 第

　　静力学研究了物体的受力分析和力系的平衡条件,应用这些知识,可以求出构件上所受到的力。至于构件在这些力的作用下会发生什么样的变形,是否能安全可靠的正常工作,则是材料力学所要研究的内容。例如图 6-1 所示悬臂式吊车梁,通过静力学分析可以求出横梁 AB 和拉杆 BC 所受到的力,而 AB 和 BC 在这些力的作用下是否会发生破坏,小车能够起吊的最大重量是多少,就是材料力学研究的范畴。

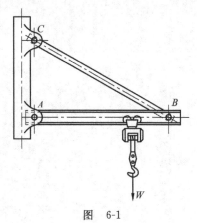

图　6-1

6.1.1　材料力学的研究内容

1. 强度研究:研究构件抵抗破坏的能力

　　工程设备中的所有承力构件都必须进行强度研究。例如图 6-1 中起吊重物的钢索、连接各部件的螺栓;图 6-2 所示化工设备中的储气罐、储油罐及其管道;另外,桥梁、海洋钻井平台的立柱、航空航天器的零部件等,都必须进行强度研究,以保证构件能安全工作。

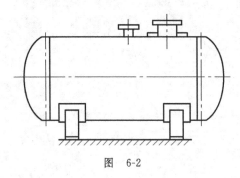

图　6-2

2. 刚度研究:研究构件抵抗变形的能力

　　图 6-3 所示车床主轴,在车刀的切削力作用下,一定会产生变形,而变形会引起加工误差;图 6-4 所示的齿轮传动系统,齿轮轴在力的作用下也产生变形,如果变形过大,将影响齿轮之间的啮合和传动,还会造成齿轮和轴承的不均匀磨损,产生噪声。通过刚度研究,可以对变形进行分析和控制,从而达到减小加工误差或噪声的目的。

3. 稳定性研究:研究构件保持原有平衡形式的能力

　　如图 6-5 所示一根轴线为直线的细长竹竿受压,压力从零开始逐渐增加,开始时竹竿能

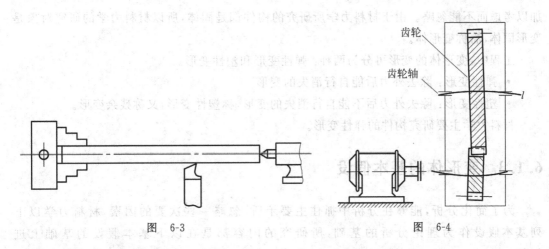

图　6-3　　　　　　　　　　　　图　6-4

保持为直线,当压力增加到一定值时,竹竿将被压弯,我们称竹竿失去了稳定。图 6-6 所示的液压装置的活塞杆,以及内燃机的连杆、起重结构中的抗压杆等受压力作用的细长杆,都需要进行稳定性研究。

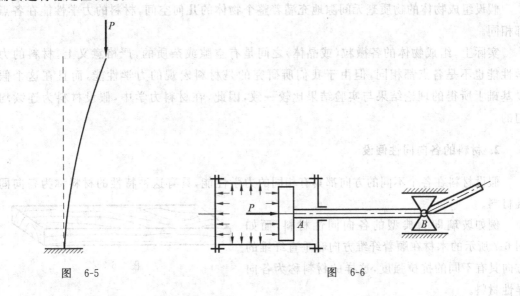

图　6-5　　　　　　　　　　　　图　6-6

综上所述,材料力学的研究任务即研究构件在外力作用下的变形和破坏规律,也就是通过对构件进行强度、刚度和稳定性研究,在保证构件正常、安全工作的前提下最经济的使用材料。

6.1.2　材料力学的研究对象

在静力学中,把研究的构件理想化为刚体。事实上,绝对的刚体是不存在的,任何物体在力的作用下都会产生一定的变形,只是构件的微小变形对于静力平衡问题来说影响很小,可忽略不计。而材料力学的研究角度与静力学不同,其中变形是研究的一个主要内容,必须加以考虑而不能忽略。由于材料力学所研究的构件都是固体,所以材料力学的研究对象是变形固体,简称变形体。

工程中,变形体的变形可分为两种:弹性变形和塑性变形。

- 弹性变形:除去外力后能自行消失的变形。
- 塑性变形:除去外力后不能自行消失的变形,称塑性变形,又称残余变形。

材料力学主要研究构件的弹性变形。

6.1.3　变形体的基本假设

为了简化分析,能够在分析中抓住主要矛盾,忽略一些次要的因素,材料力学以下列基本假设作为理论分析的基础,所研究的内容都是在以下基本假设的基础上进行的。

1. 材料的连续均匀性假设

假设组成物体的物质毫无间隙地充满着整个物体的几何空间,材料的力学性能在各点都相同。

实际上,组成物体的各微粒(或晶体)之间是有空隙或杂质的,严格意义上,材料的力学性能也不是各点都相同,但由于我们所研究的是材料宏观的力学性能,而且在这个假设基础上所得的理论结果与实验结果比较一致,因此,在材料力学中,假设材料为连续均匀的。

2. 材料的各向同性假设

假设材料在各个不同的方向都具有相同的力学性能,具有这种特性的材料称为**各向同性材料**。

例如玻璃即为典型的各向同性材料,而如图 6-7 所示的木材在顺着纤维方向和垂直纤维的方向具有不同的抗拉强度,这样的材料称为各向异性材料。

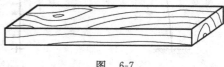

图　6-7

工程中常用的金属材料,就其每个晶粒来说,沿不同的方向有不同的力学性能,属于各向异性体,但由于金属构件包含数量极多的晶粒,且杂乱无章地排列,这样在宏观上沿各个方向的力学性能基本相同,因此一般的金属材料和质量较好的混凝土,都可以假设为各向同性材料。

3. 变形很小的假设

假定构件几何形状的改变、尺寸的改变与构件的原始尺寸相比是很微小的。

在小变形假设的前提下,在对构件建立平衡方程或进行其他分析时,可以采用变形前的尺寸,这样可以使计算大大简化,而由此引起的误差较小。

6.2　外力及其分类

6.2.1　外力的概念

物体所受到的来自于其他物体的作用力,称为**外力**。它包括外载荷和约束力。

6.2.2　外力的分类

1. 按分布情况可分为体积力和表面力

- 体积力:分布在物体的整个体积内,物体内所有质点都受到的作
用力。如重力、运动物体的惯性力。
- 表面力:作用于物体表面的力。又分为分布力和集中力。
- 分布力:连续作用于物体某一表面的力叫分布力。例如图 6-8
所示塔器所受到的风力。
- 集中力:当外力只分布在物体表面很小的一块面积上,或者分布
在很短的一条线段上时,可以把外力看做是作用于一点,称为集
中力。例如图 6-3 所示车床车刀的作用力;图 6-9 所示齿轮的重
量对传动轴 AB 的作用力。

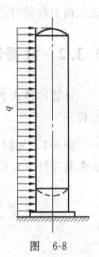

图 6-8

2. 按载荷随时间变化的情况分为静载荷和动载荷

- 静载荷:载荷由零开始逐渐地、缓慢地施加到某一个定值,并不再随时间发生改变,
或者变化很小而忽略。

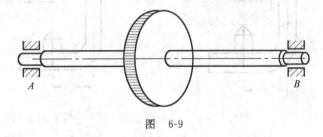

图 6-9

- 动载荷:动载荷分为交变载荷和冲击载荷。
- 交变载荷:随时间作周期性变化的载荷称为交变载荷。
- 冲击载荷:外力以一个很快的速度施加到构件上,或外力在很短的时间内发生很大
的变化,称为冲击载荷。例如锤子敲击墙上的钉子,钉子受到的就是一个冲击载荷。
　　在静载荷和动载荷作用下,材料表现出不同的力学性能。由于静载荷问题比较简单,所
建立的理论和方法又是解决动载荷问题的基础,所以在材料力学中,首先研究静载荷问题。

6.3 内力、截面法和应力的概念

6.3.1 内力的概念

内力：物体在外力作用下产生变形，由于变形而引起的内部各部分之间的相互作用力称为内力。

对于每个物体来说，由于原子间的相互作用，内力本来就存在着，材料力学所研究的内力不包括这部分内力，而是物体在外力作用下产生变形，其内部各部分之间由于相对位置的改变而引起的"附加内力"，简称为内力。

6.3.2 截面法求内力

计算构件内力所用的方法叫截面法。下面通过例子来介绍用截面法求内力的基本过程。

例 6-1 如图 6-10(a)所示夹具，在夹紧零件时，外力 $P = 25$ kN，已知偏心距 $e = 60$ mm。求夹具竖杆 n-n 截面上的内力。

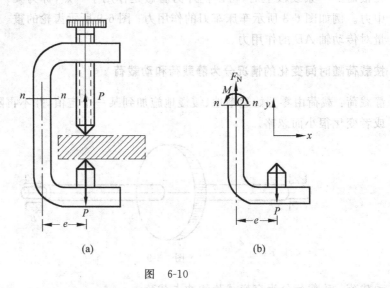

(a)　　　　　　(b)

图 6-10

解：(1) 用一个过 n-n 截面的平面假想地将竖杆切开。

(2) 任取其中一部分进行研究。本题中取下半部分为研究对象，并建立坐标，如图 6-10(b)所示。

(3) 所研究部分在外力 P 和 n-n 截面内力的共同作用下处于平衡，则 n-n 截面上有沿轴线方向的内力，用 F_N 表示；一个内力偶，用 M 表示。

列平衡方程

$$\sum F_y = 0, \quad F_N - P = 0$$
$$\sum M_O = 0, \quad P \cdot e - M = 0$$

求得
$$\begin{cases} F_N = P = 25 \text{ kN} \\ M = P \cdot e = 25 \times 0.06 = 1.5 \text{ kN} \cdot \text{m}. \end{cases}$$

通过例题可以看出,用截面法求内力的基本步骤是:

(1) 用一个通过该截面的平面假想地将构件切开,一分为二。

(2) 任取其中一部分进行研究。

(3) 根据静力平衡,分析截面上的内力,并通过建立平衡方程,求出截面上的内力。

6.3.3　应力的概念

1. 定义

应力就是单位面积上的内力。

从应力的概念可以看出,应力所描述的是截面上内力的分布情况。

2. 应力的计算

用截面法求出的是整个截面上各点内力的合力,所以仅凭截面法不能确定内力在截面上的分布情况。

如图 6-11(a)所示任意构件,在外力作用下处于平衡。用截面法将构件切开,取左段进行研究。

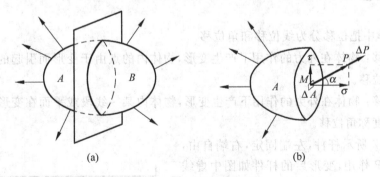

(a)　　　　　　　　　　　　　(b)

图　6-11

在截面上任取一个点 M,围绕点 M 取一微小面积 ΔA,设 ΔA 上的内力为 ΔP,令 $p_m = \dfrac{\Delta P}{\Delta A}$,则 p_m 代表 ΔA 面积上平均单位面积上的内力,称为**平均应力**。

将上式求极限,令 $p = \lim\limits_{\Delta A \to 0} \dfrac{\Delta P}{\Delta A}$,则 p 代表 M 点单位面积上的内力,即 M 点的应力,又称 M 点的**全应力**。

从应力的定义和公式可以看出,应力为矢量,方向与内力方向相同。

3. 正应力、剪应力

全应力 P 的方向与内力 ΔP 的方向一致,将 P 沿截面的法线和切线方向分解,全应力 P 在法线方向的分量称为**正应力**,用 σ 来表示;全应力 P 在切线方向的分量称为**剪应力**,用 τ 来表示,如图 6-11(b)所示,则有

$$\sigma = p\cos\alpha$$
$$\tau = p\sin\alpha$$

一般情况下,不用全应力来描述一点的应力,而是用它的正应力和剪应力来表示。

4. 应力的单位

根据定义,应力的量纲是:力/长度^2,在国际单位制中,应力的单位是帕斯卡(pascal),简称帕(Pa),$1\,\text{Pa} = 1\,\text{N/m}^2$。

由于帕的单位较小,因此在实际计算时常用兆帕(MPa)或吉帕(GPa)。其中 $1\,\text{MPa} = 10^6\,\text{Pa}$,$1\,\text{GPa} = 10^9\,\text{Pa}$。

注意:经过物体内某一个固定的点 M 可以截取无数的截面,而这些截面则以不同的方位将物体分为两部分,M 点的应力将随截面方位的不同而不同。

6.4　位移与应变的概念

6.4.1　位移

材料力学中把位移分为线位移和角位移。

- 线位移:物体在外力的作用下产生变形,物体内的点由于变形而引起的位置的改变称线位移。
- 角位移:物体在外力的作用下产生变形,物体内某一线段或平面在变形过程中转过的角度称角位移。

如图 6-12 所示杆件,左端固定,右端自由,受一集中力 P 作用,变形后的杆件如图中虚线所示,则杆上 A 点的线位移为 AA_1,杆端平面的角位移为 θ。

可以看出,材料力学中的位移概念与以前所接触到的位移概念是不一样的,以前的位移是一个物体从一个位置运动到另一个位置产生的位置改变。材料力学中称此类位移为刚体位移,我们现在所定义的位移恰好不包括这部分刚体位移。

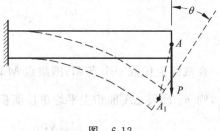

图　6-12

6.4.2　应变

与位移相对应,应变也分为线应变和角应变。

1. 线应变和角应变

- 线应变:单位长度的变形量叫线应变,又叫正应变,简称应变,用 ε 表示。
- 角应变:物体变形过程中,物体上过某点相互垂直的两条线段或平面之间角度的变化量叫角应变,又叫剪应变,用 γ 表示。

如图 6-13 所示构件,加载前任取一点 M,过 M 点作两条相互垂直的线段 MN、ML,长度分别为 $MN=\Delta x$,$ML=\Delta y$。

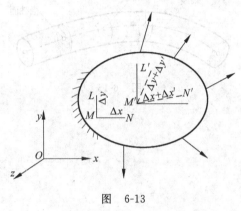

图　6-13

对构件加载,构件将产生变形。

设 M、N、L 变形后的位置为 M'、N'、L',且

$$\begin{cases} M'N'=\Delta x+\Delta x' \\ M'L'=\Delta y+\Delta y' \end{cases}$$

则 $\varepsilon_{Mx}=\dfrac{\Delta x'}{\Delta x}$ 代表 M 点沿 x 方向平均单位长度的变形量,称为 M 点在 x 方向的平均正应变;

$\varepsilon_{My}=\dfrac{\Delta y'}{\Delta y}$ 代表 M 点沿 y 方向平均单位长度的变形量,称为 M 点在 y 方向的平均正应变。

对上两式求极限,得 $\varepsilon_x=\lim\limits_{\Delta x\to 0}\dfrac{\Delta x'}{\Delta x}$ 代表 M 点沿 x 方向单位长度的变形量,称为 M 点在 x 方向的正应变;$\varepsilon_y=\lim\limits_{\Delta y\to 0}\dfrac{\Delta y'}{\Delta y}$ 代表 M 点沿 y 方向单位长度的变形量,称为 M 点在 y 方向的正应变。

设 $\angle N'M'L'=90°-\gamma$,则变形过程中 MN、ML 之间的角应变为 γ。

2. 应变的单位

根据应变的定义,线应变是一个比值,没有量纲;角应变用弧度来表示,也是一个没有量纲的量。

例 6-2　两边固定的薄板如图 6-14 所示,薄板在外力作用下发生变形。变形后 ab 和 ad 两边保持为直线。a 点沿垂直方向向下位移 0.025 mm。求 ab 边的平均正应变和 ab、ad 之间的剪应变。

解:根据定义,ab 边的平均正应变为

$$\varepsilon_m=\frac{\overline{a'b}-\overline{ab}}{\overline{ab}}=\frac{0.025}{200}=125\times 10^{-6}$$

ab、ad 之间的剪应变为

$$\gamma=\frac{\pi}{2}-\angle ba'd$$

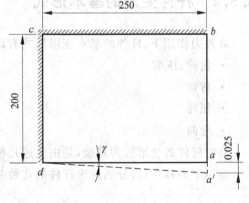

图　6-14

由于剪应变 γ 非常微小,所以有

$$\gamma \approx \tan \gamma = \frac{0.025}{250} = 100 \times 10^{-6}\,\mathrm{rad}$$

6.5　杆件变形的基本形式

实际构件的形状是各种各样的,材料力学的主要研究对象是杆。例如图 6-1 中的 *AB* 和 *BC* 杆,图 6-15 所示的曲杆。

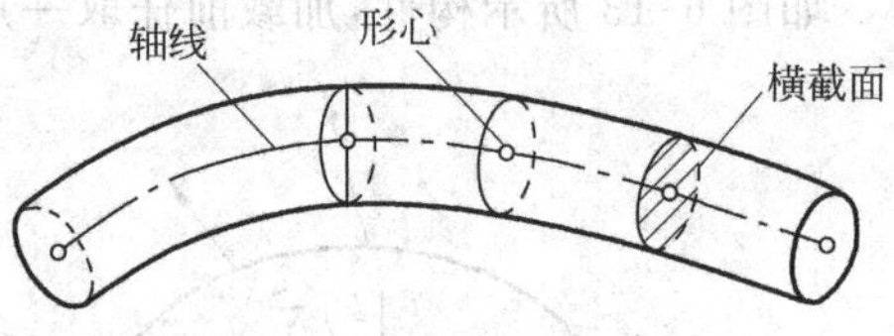

图　6-15

6.5.1　杆的概念

1. 杆件的定义

一个方向的尺寸远大于其他两个方向尺寸的构件。

2. 杆的轴线

杆的各截面形心的连线。

3. 杆的分类

根据杆的轴线是直线或是曲线,分为直杆和曲杆;根据横截面相等或不等,分为等截面杆和变截面杆。

在实际问题中,最常见的杆件是等截面直杆,简称为等直杆。

材料力学的主要研究对象是杆,而且多为等直杆。实际构件的形状有时相当复杂,但通过简化,有些构件可近似地用杆的概念来进行研究。

6.5.2　杆件变形的基本形式

在外力作用下,杆件的基本变形形式有以下 4 种:
- 拉伸、压缩
- 剪切
- 扭转
- 弯曲

有时杆件的变形较为复杂,是由上述几种基本变形组合而成。

在以下各章中,将分别讨论杆件的几种基本变形,然后再讨论复杂变形的问题。

习　题

6-1　材料力学的研究对象是什么？为什么同一物体，在理论力学中我们把它看成是刚体，而材料力学中却把它看作变形体？

6-2　材料力学中，什么叫内力？什么叫应力？二者有何区别？

6-3　什么是正应力？什么是剪应力？

6-4　如图所示两端铰支梁，中间承受一力偶 M_0，求(1)支座反力；(2)1-1、2-2 横截面上的内力(1-1、2-2 无限接近力偶所作用的截面)。

6-5　杆系结构如图所示，已知 BD 杆长 6 cm，忽略各杆自重。求 AB 杆横截面上的内力。

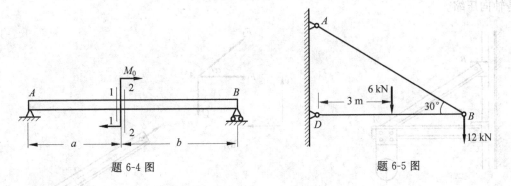

题 6-4 图　　　　　　　　　　题 6-5 图

6-6　如图所示拉伸试件上，A、B 两点之间的距离 l 称为标距。受拉力作用后，试件产生变形，测量出 A、B 两点距离的增量为 $\Delta l = 5 \times 10^{-2}$ mm。若 AB 的原长为 $l = 100$ mm，求 A、B 两点之间的平均线应变 ε_m。

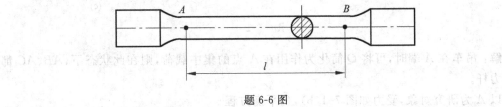

题 6-6 图

第7章　拉伸与压缩

7.1　轴向拉伸与压缩的概念

轴向拉伸与压缩：外力或外力合力的作用线与直杆轴线重合，在外力作用下，直杆沿轴线方向伸长或缩短。

例7-1　如图7-1(a)所示悬臂式吊车，当吊车移至 A 端时，判断 AB、AC 为轴向拉伸还是轴向压缩。

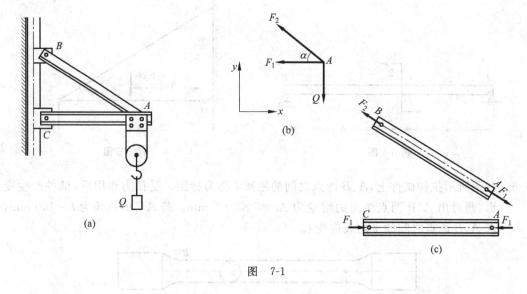

图　7-1

解：吊车在 A 端时，可将 Q 简化为作用在 A 点的集中载荷，则在此状态下，AB、AC 都是二力杆。

以 A 为研究对象，受力如图7-1(b)，列平衡方程

$$\sum F_x = 0, \quad F_1 + F_2 \cdot \cos\alpha = 0$$

$$\sum F_y = 0, \quad F_2 \cdot \sin\alpha = Q$$

解得

$$F_1 = -Q\cot\alpha$$

$$F_2 = \frac{Q}{\sin\alpha}$$

AB、AC 杆的受力如图7-1(c)所示，则 AB 杆受到的是轴向拉伸，AC 杆受到的是轴向压缩。

在机械和工程结构中，有很多构件受到轴向拉伸或压缩的作用。如图7-2(a)所示起重机钢索在起吊重物时，为轴向拉伸；千斤顶的螺杆在顶起重物时，为轴向压缩；图7-2(b)所

示桁架结构中的杆件,则不是受拉就是受压。

还有一些杆件受到多个外力的作用,如图 7-3 所示,则该杆在 AB 段受到的是轴向拉伸,BC 段受到的是轴向压缩。

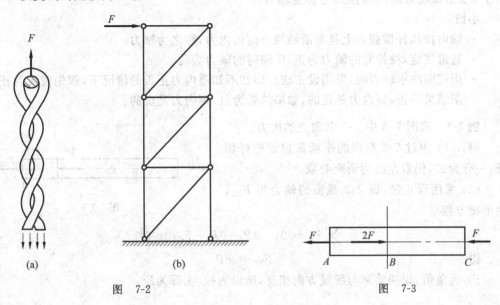

图　7-2　　　　　　　　　　　　　　　图　7-3

7.2　轴向拉压杆横截面上的内力和应力

7.2.1　轴向拉压杆横截面上的内力

首先用截面法求轴向拉压杆横截面上的内力。

例 7-2　如图 7-4 所示轴向拉压杆,求 1-1 横截面上的内力。

图　7-4

解:(1) 用过 1-1 截面的平面假想地把杆切开,一分为二,取左段为研究对象。

(2) 根据左段静力平衡,求内力。

杆件左右两段在横截面上的相互作用力是一个分布力系,由于外力作用线沿杆件轴线,根据平衡,该截面内力的合力也一定沿杆的轴线。

$$\sum F_x = 0, \quad F_{N1} - 2P = 0$$

$$F_{N1} = 2P$$

由于 F_{N1} 沿轴线方向，我们把 F_{N1} 称为轴力。

小结：

- 轴向拉压杆横截面上具有沿轴线方向的内力，称之为轴力。
- 通常规定，拉伸时的轴力为正，压缩时的轴力为负。
- 用截面法求轴力时，采用设正法。即在不知道内力正负的情况下，都先假设为正，如果结果为正，则内力是正的，如果结果为负，则内力是负的。

例 7-3 求图 7-5 中 2-2 截面上的内力。

解：（1）用过 2-2 截面的平面假想地把杆切开，一分为二，仍取左段为研究对象。

（2）采用设正法，设 2-2 截面的轴力为 F_{N2}，列平衡方程

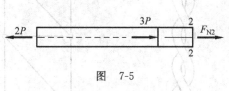

图　7-5

$$\sum F_x = 0, \quad 2P - 3P - F_{N2} = 0$$

得

$$F_{N2} = -P$$

F_{N2} 为负值，说明实际与所设方向相反，所设为拉，实际为压。

7.2.2　轴力图

通过上面两个例子可以看出，对于受多个外力的直杆，不同截面将有不同的轴力，为了形象地表示轴力沿杆轴线的变化情况，通常采用作轴力图的方法。

例 7-4 作图 7-6 中直杆 AC 的轴力图。

分析：通过前面的例题不难理解，整个直杆可以分为 AB、BC 两段，每一段所有横截面上的轴力都相等，我们称 AB、BC 为等轴力段。

解：（1）将整个直杆分为等轴力的 AB 段和 BC 段。用截面法求出每一段上任一横截面上的轴力，即该段所有横截面上的轴力。得

$$F_{N1} = 2P$$
$$F_{N2} = -P$$

（2）如图 7-6(b) 所示，用横坐标表示横截面的位置，垂直于直杆轴线的纵坐标表示对应横截面上的轴力，得到的图称为轴力图。可见，AB 段各截面的轴力都为 $2P$，BC 段各截面的轴力都为 $-P$。

轴力图不仅可以直观地反映出各横截面轴力的大小，而且还可以显示出各段是拉伸还是压缩。

7.2.3　轴向拉压杆横截面上的应力

应力是单位面积上的内力，所以研究轴向拉压杆横截面上的应力就是研究横截面上内力的分布规律，而截面法所求出的轴力是这个分布内力的合力。

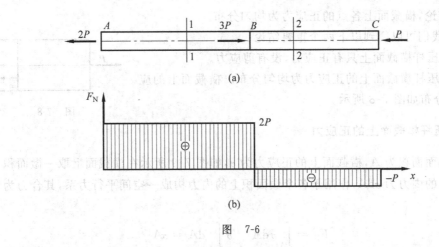

图 7-6

考虑到直杆在外力作用下不仅产生内力,引起变形,而且内力和变形总是相互联系的。因此,为了研究应力,首先观察拉压杆的变形情况。

1. 拉压杆的变形

如图 7-7(a)所示等直杆,为了观察变形,加载前在直杆表面画出表示横截面外轮廓线的横向线 ab、cd,与轴线平行的纵向线 qr、st。然后,在直杆两端施加一对大小相等、方向相反的轴向载荷 P,使杆产生轴向拉伸。观察轴向拉伸变形,可以看到有以下两个特点。

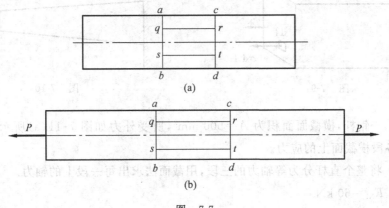

图 7-7

- 横向线 ab、cd:仍然为直线、与轴线垂直,间距增大。
- 纵向线 qr、st:仍然为直线、与轴线平行,间距变小。

根据上述变形特点,可以作出一个重要的假设:轴向拉压杆变形过程中横截面保持为平面,始终垂直于杆的轴线,只是各横截面沿杆轴线作相对平移。我们把这一假设称为**拉、压杆的平面假设**。

设想直杆是由无数纵向纤维组成的,每一条纵向线都对应着一条纵向纤维,如果横截面上有剪应力,则变形后的纵向纤维将不再垂直横截面,这与实际变形不符,所以可以认为拉、压杆横截面上只有正应力,没有剪应力。

由于两横截面间等长的纵向纤维变形后仍然等长,即变形量相同,则其受力必然相同。

因此得出结论,横截面上各点的正应力为均匀分布。

由此,我们可以得到以下两个重要**结论**:

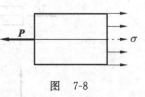

图　7-8

- 拉、压杆横截面上只有正应力,没有剪应力。
- 拉、压杆横截面上的正应力为均匀分布。横截面上的应力分布如图 7-8 所示。

2. 拉压杆横截面上的正应力

设横截面面积为 A,横截面上的正应力为 σ,如图 7-9 所示在横截面上取一微面积 $\mathrm{d}A$,则微面积上的内力为 $\sigma\mathrm{d}A$,作用于各个微面积上的内力构成一空间平行力系,其合力为轴力 F_N,即有

$$F_\mathrm{N} = \int_A \sigma\mathrm{d}A = \sigma\int_A \mathrm{d}A = \sigma A$$

由此得

$$\sigma = \frac{F_\mathrm{N}}{A} \tag{7-1}$$

该公式适用于横截面为任意形状的等截面拉压杆,对于图 7-10 所示截面变化缓慢的变截面杆,只要外力合力与轴线重合,该公式仍可以适用。

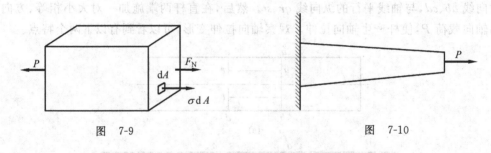

图　7-9　　　　　　　　　　　　　　　图　7-10

例 7-5　一钢杆,横截面面积为 $A = 500\ \mathrm{mm}^2$,所受外力如图 7-11(a)所示。试绘轴力图,并计算各段横截面上的应力。

解:(1)将整个直杆分为等轴力的三段,用截面法求出每一段上的轴力。

AB 段:$F_\mathrm{N1} = 60\ \mathrm{kN}$

BC 段:$F_\mathrm{N2} = 60 - 80 = -20\ \mathrm{kN}$

CD 段:$F_\mathrm{N3} = 30\ \mathrm{kN}$

(2)作轴力图如图 7-11(e)所示。

(3)求各段横截面上的应力。

AB 段:

$$\sigma_1 = \frac{F_\mathrm{N1}}{A} = \frac{60 \times 10^3}{500 \times 10^{-6}} = 120\ \mathrm{MPa}$$

BC 段:

$$\sigma_2 = \frac{F_\mathrm{N2}}{A} = \frac{-20 \times 10^3}{500 \times 10^{-6}} = -40\ \mathrm{MPa}$$

CD 段：

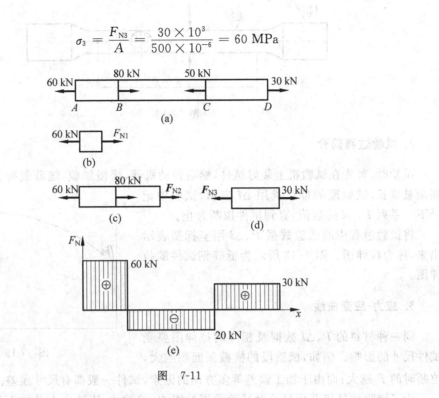

$$\sigma_3 = \frac{F_{N3}}{A} = \frac{30 \times 10^3}{500 \times 10^{-6}} = 60 \text{ MPa}$$

图 7-11

7.3　材料在拉伸时的力学性能

力学性能：又称机械性能，是指材料在外力作用下所表现出的变形、破坏等方面的特性。

直杆内的应力随外力的增大而增大，但在一定应力作用下杆件是否破坏，则与材料的力学性能有关。材料的力学性能由试验测定，其中拉伸和压缩试验是研究材料力学性能最常用、最基本的试验。

7.3.1　拉伸试验和应力-应变曲线

1. 试件

为了便于比较不同材料的试验结果，国家标准《金属拉伸试验方法》中对试件的形状、加工精度、加载速度、试验环境等都有明确的规定。常用的标准拉伸试件如图 7-12 所示，在试件上取长为 l 的一段作为试验段，l 称为标距。对于金属材料，常用圆截面或矩形截面试件，其中最常用的是圆截面试件。

设圆截面直径为 d，规定 $l=10d$ 或 $l=5d$。

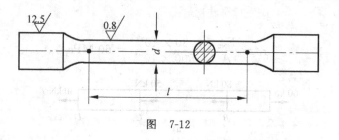

图　7-12

2. 试验过程简介

试验时,首先在试验机上装好试件,然后开动机器,缓慢加载,随着载荷 P 的增加,试件逐渐被拉长,试验段的伸长量用 Δl 表示,试验中记录下一系列 P、Δl 的数值,直到试件拉断为止。

将试验过程中的试验数据 P、Δl 用坐标图表示出来,称为拉伸图。图 7-13 所示为低碳钢试件的拉伸图。

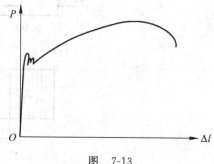

图　7-13

3. 应力-应变曲线

同一种材料的 P、Δl 数据及相应的拉伸图要受试件尺寸的影响。例如,试验段的横截面面积越大,拉断时的 P 越大;而由于加工误差等多方面的因素,试件一般都有尺寸误差。

为了消除试件横截面尺寸对试验数据的影响,将拉力 P 转化为单位面积上的内力,即应力。根据前面所讲,轴向拉压杆横截面上只有均布的正应力,且有 $\sigma = \dfrac{P}{A}$,这里 A 是试验段的初始横截面面积。实际上在试验过程中,试验段的横截面面积在不断改变,因此,我们把上式所得的应力称为名义应力。

为了消除试验段长度的影响,考虑到试验段各处的变形是均匀的,将 Δl 转化为轴向正应变,有 $\varepsilon = \dfrac{\Delta l}{l}$。将试验数据 P、Δl 转化为 σ、ε,并作出曲线,称为应力-应变曲线。应力-应变曲线已经消除了试件尺寸的影响,它只反映材料的力学性能。低碳钢材料的应力-应变曲线如图 7-14 所示。

7.3.2　低碳钢拉伸时的力学性能

低碳钢是指那些碳的质量分数在 0.3% 以下的碳素钢。这类钢材在工程中使用较广,同时,在拉伸时所表现出的力学性能也比较典型和全面。

如图 7-14 所示为低碳钢的应力-应变曲线。从图中可以看出,整个拉伸过程大致可分为以下 4 个阶段。

1. 弹性阶段

对应图形的 ob 段,材料的变形为弹性变形,b 点所对应的应力用 σ_e 表示,称为弹性极限。只要应力不超过弹性极限 σ_e,外力撤除,变形将完全消失,否则,将产生不可恢复的塑性变形。

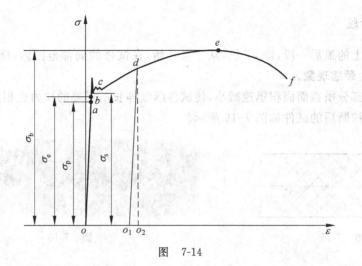

图 7-14

ob 段又分为直线(oa 段)和曲线(ab 段)两部分。直线部分的最高点 a 所对应的应力用 σ_p 来表示,称为**比例极限**。显然,当应力小于比例极限 σ_p 时,应力-应变呈线性关系,设 oa 段的斜率为 E,则有

$$\sigma = E\varepsilon \tag{7-2}$$

此关系式称为**胡克定律**。E 是一个与材料有关的常数,称为材料的**弹性模量**。由于 ε 没有量纲,故 E 的量纲与应力 σ 相同。

例如,低碳钢 A3 的弹性模量 $E = 200 \times 10^3$ MPa $= 200$ GPa。

ab 段不再是直线,说明应力超过比例极限 σ_p 后,应力-应变不再呈线性关系,但这一段的变形仍然是弹性变形。在大多数材料的 σ-ε 曲线上,a、b 两点非常接近,所以工程上对弹性极限和比例极限并不严格区分。

2. 屈服阶段

对应图形上的 bc 段,应力在一定范围内做微小的波动,而应变有非常明显的增加,形成 σ-ε 曲线上接近水平线的小锯齿形线段。这种应力基本不变,而应变却显著增加的现象,称为**屈服或流动**。

在屈服阶段内的最高应力和最低应力分别称为上屈服极限和下屈服极限。上屈服极限的数值与试件形状、加载速度等因素有关,一般不稳定。下屈服极限则有比较稳定的数值,能够反映材料的性能。所以把下屈服极限称为材料的屈服极限,用 σ_s 来表示。

表面光滑的试件屈服时,表面将出现与轴线大致成 45°倾角的条纹,如图 7-15 所示。这是由于在试件的 45°斜截面上作用有最大剪应力,引起材料沿 45°斜截面的滑移形成的,通常称为滑移线。

3. 强化阶段

对应图形的 ce 段,经过屈服阶段后,材料又恢复了抵抗变形的能力,继续变形必须增加拉力,这种现象称为**材料的强化**。强化阶段的最高点 e 所对应的应力 σ_b 是材料所能承受的最大应力,称为**强度极限**。

强度极限 σ_b 是衡量材料强度的另一个重要指标。

4. 颈缩阶段

对应图形上的最后一段,即 ef 段,从 e 点开始,在试件的局部范围内,横截面尺寸突然急剧缩小,产生**颈缩现象**。

由于颈缩部分横截面面积迅速减小,使试件继续伸长所需要的拉力也相应减小,试件很快就被拉断。拉断后的试件如图 7-16 所示。

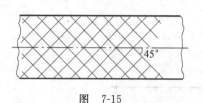

图 7-15   图 7-16

总结:综上所述,在整个拉伸过程中,材料经过了弹性、屈服、强化和颈缩 4 个阶段,并对应着三个极限值,分别是弹性极限、屈服极限和强度极限。

7.3.3 表征材料塑性的两个物理量——延伸率δ和断面收缩率Ψ

1. 延伸率δ

$$\delta = \frac{l_1 - l}{l} \times 100\% \tag{7-3}$$

其中,l 是试验段的原始长度,l_1 是试件拉断后试验段的长度。所以 $(l_1 - l)$ 是试件拉断后,试验段残余的塑性变形。试验段的塑性变形 $(l_1 - l)$ 越大,延伸率δ就越大。因此,延伸率是衡量材料塑性的一个重要指标。

工程上通常按延伸率δ的大小把材料分成两大类:δ≥5%的材料称为塑性材料;δ<5%的材料称为脆性材料。例如低碳钢 A3 的延伸率为δ=25%～27%,是典型的塑性材料。而玻璃、陶瓷等是典型的脆性材料。

2. 断面收缩率Ψ

$$\Psi = \frac{A - A_1}{A} \times 100\% \tag{7-4}$$

其中,A 是试验段的原始横截面面积,A_1 是拉断后断口的横截面面积。断面收缩率是衡量材料塑性的另一个重要指标,塑性越好,Ψ 越大。低碳钢 A3 的断面收缩率为 $\Psi \approx 60\%$。

7.3.4 材料在卸载和再加载时的力学性能

1. 卸载定律

试验过程中,当试件中的应力超过屈服极限,达到图 7-14 中的 d 点后,不再继续加载,而是逐渐卸载,记录卸载过程中若干个 P、Δl 的数值,转换成 σ、ε,并作出图形。结果发现:

卸载时的应力-应变将沿着斜直线 do_1 回到 o_1 点，且斜直线 do_1 近似地平行于 oa。从而得到**卸载定律**：在卸载过程中，应力-应变按直线规律变化。

从图 7-14 可以看出：oo_2 是对应 d 点的总应变，用 ε_d 表示；$o_1 o_2$ 代表卸载过程中消失的弹性应变，用 ε_e 表示；oo_1 就是载荷完全撤除后，残余的塑性应变，用 ε_p 表示；则有 $\varepsilon_d = \varepsilon_p + \varepsilon_e$。

2. 冷作硬化

卸载后，如在短期内对试件再次加载，则应力-应变关系基本上沿着卸载时的斜直线 do_1 变化，过 d 点后，仍沿原曲线 def 变化，直至断裂。

如果将卸载后已有塑性变形的试件当作一个新试件去试验，其应力-应变曲线为 $o_1 def$，与初始的应力-应变曲线相比，材料的比例极限（亦即弹性极限）提高了，但塑性变形和延伸率却有所降低。这种现象称为**冷作硬化**或**加工硬化**。

工程上经常利用冷作硬化来提高材料的弹性极限，如起重用的钢索和建筑用的钢筋。冷作硬化现象经退火后便可消除。

7.3.5　其他塑性材料在拉伸时的力学性能

工程上常用的塑性材料，除低碳钢外，还有中碳钢、某些高碳钢和合金钢、铝合金、青铜、黄铜等。图 7-17 所示是其他几种材料的

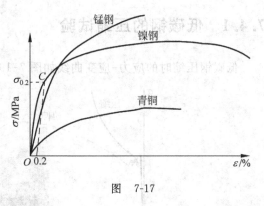

图　7-17

应力-应变曲线，可以看出，它们断裂时都有较大的残余变形，因而都属于塑性材料，但却没有明显的屈服阶段。

对于没有明显屈服阶段的塑性材料，工程中通常以卸载后产生 0.2% 塑性应变的应力值作为屈服应力，称为**名义屈服应力**或**条件屈服应力**，用 $\sigma_{0.2}$ 表示。例如图 7-17 所示镍钢的应力-应变曲线，在 ε 轴上找到应变为 0.2% 的点，自该点作初始直线段的平行线，并与应力-应变曲线相交于 C 点，则与 C 点对应的正应力即为条件屈服应力 $\sigma_{0.2}$。

7.3.6　铸铁拉伸时的力学性能

铸铁材料是典型的脆性材料，在拉伸过程中，从开始受力直到断裂，既没有屈服阶段，也没有颈缩现象，在应变很小的情况下，就发生突然断裂，其应力-应变曲线如图 7-18 所示。

可以看出，铸铁拉伸时的应力-应变曲线是一段微

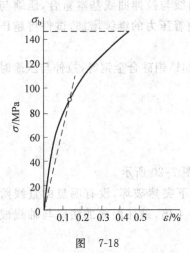

图　7-18

弯曲线,没有明显的直线部分,即在整个应力范围内,应力和应变均不成正比。由于在工程应用中铸铁的拉应力不高,而在较低的应力范围内,应力-应变曲线的曲率很小,因此,实际计算时以直线代替曲线,并以直线的斜率作为杨氏弹性模量,称为**割线弹性模量**。铸铁拉断时的最大应力称为**强度极限** σ_b。强度极限 σ_b 是衡量脆性材料的唯一强度指标。

7.4 材料在压缩时的力学性能

一般细长试件在轴向压缩时容易产生失稳现象,所以金属的压缩试样一般制成很短的圆柱,圆柱高度为直径的 1.5~3 倍。混凝土、石料等则制成立方形的试块。

7.4.1 低碳钢的压缩试验

低碳钢压缩时的应力-应变曲线如图 7-19 所示。

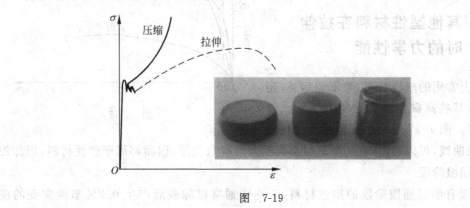

图 7-19

压缩与拉伸相比,相同点是:在屈服阶段之前,压缩曲线与拉伸曲线基本重合,压缩与拉伸时的屈服应力以及弹性模量大致相同。不同点是:随着压力的继续增加,试件将越压越扁,因而得不到压缩时的强度极限。

一般的塑性材料也具有以上特点。但也有一些材料,如铬钼硅合金钢等,拉伸与压缩时的屈服应力并不相同。

7.4.2 铸铁的压缩试验

为了便于比较,铸铁拉伸、压缩时的应力-应变曲线如图 7-20 所示。

压缩与拉伸比较,相同点是:试件仍然在较小的变形下突然破坏,没有明显的直线阶段;不同点是:压缩强度极限远大于拉伸强度极限,为 3~4 倍,破坏断面的法线与轴线成 45°~55°的倾角。

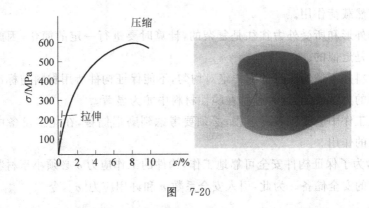

图　7-20

　　所以脆性材料抗拉强度低、塑性性能差,但抗压能力强,且价格低廉,所以适宜作受压构件。

　　应该指出,材料的力学性能不是固定不变的。在不同温度和不同加载方式时(如缓慢加载、高速加载或周期加载),材料的力学性能将有所不同。

7.5　失效、安全系数和强度计算

7.5.1　概念

1. 失效

失效:构件不能正常工作。

对脆性材料来说,失效就是断裂。

对塑性材料来说,屈服就是失效。因为屈服过程中的塑性变形,会使构件不能保持原有的形状和尺寸,从而影响正常工作。

2. 工作应力 σ

工作应力 σ:工作过程中构件实际承受的应力。

3. 极限应力 σ^0

极限应力 σ^0:构件正常工作所能承受的最大应力,用 σ^0 表示,根据失效概念,对脆性材料 $\sigma^0 = \sigma_b$,对塑性材料 $\sigma^0 = \sigma_s$。

4. 许用应力 $[\sigma]$

理论上,只要工作应力 σ 小于极限应力 σ^0,构件就能够安全工作,不会发生强度破坏,但由于以下几个方面的原因,使满足这个条件的构件仍可能是不安全的。

　　· 作用在构件上的载荷不可能估计得很准确,而且构件在工作时还可能受到没有估计到的偶然载荷作用。

- 构件的外形和所受外力往往是复杂的,计算时要进行一定的简化,因此计算所得工作应力是近似的。
- 实际材料并不像所假设的那样绝对均匀,不能保证构件所用材料与标准试件具有完全相同的力学性能,这种差别在脆性材料中尤为显著。
- 构件在工作中会受到各种磨损,必须要考虑到磨损储备,在化工设备中还应特别考虑腐蚀的作用。

综上所述,为了保证构件安全可靠地工作,构件的工作应力 σ 必须小于材料的极限应力 σ^0,给构件一定的安全储备。为此,引入安全系数 n 和许用应力 $[\sigma]$,令

$$[\sigma] = \frac{\sigma^0}{n} \tag{7-5}$$

对脆性材料

$$[\sigma] = \frac{\sigma_b}{n}$$

对塑性材料

$$[\sigma] = \frac{\sigma_s}{n}$$

其中安全系数 $n > 1$。

5. 安全系数的选取

安全系数的选取要考虑多个方面的因素。从公式可以看出,安全系数越大,许用应力 $[\sigma]$ 越小,则构件的强度储备就越高。但过大的安全系数,会造成材料的浪费,并使结构笨重。所以安全系数的选取要综合考虑安全和节省材料两方面的因素。

由于影响安全系数的因素很多,所以安全系数的确定是一件很复杂的工作。通常由国家有关部门加以规定,公布在有关的规范中,设计时可以参考应用。但在实际应用中,还需根据具体情况,如材料的均匀程度、载荷的近似情况、构件在设备中的重要性等,对安全系数加以选择。

目前一般机械制造中,在静载荷情况下,塑性材料可取 $n = 1.2 \sim 2.5$;脆性材料均匀性较差,且断裂突然发生,有更大的危险性,所以取 $n = 2 \sim 3.5$,甚至取 $n = 3 \sim 9$。

7.5.2 强度条件

强度条件:构件能正常工作必须满足的条件。

对轴向拉压杆,综合考虑以上各个因素,强度条件为:工作应力的最大值必须小于等于材料的许用应力 $[\sigma]$,即有公式

$$\sigma_{max} \leqslant [\sigma] = \frac{\sigma^0}{n} \tag{7-6}$$

$$\left(\frac{F_N}{A}\right)_{max} \leqslant [\sigma] = \frac{\sigma^0}{n} \tag{7-7}$$

利用上述公式,可以解决以下几类问题:

1. 校核强度

当已知拉、压杆的截面尺寸、材料的许用应力和构件所受外力时,通过求构件的最大工作应力判断构件是否能安全工作。

2. 确定截面尺寸

已知外力和材料的许用应力,根据强度条件确定构件所需的截面尺寸。

3. 确定许可载荷

已知杆的截面尺寸和材料的许用应力,根据强度条件确定构件能够承受的最大载荷。

例 7-6　如图 7-21(a)所示筒的内径 $D = 252\,\text{mm}$,最大内压 $p = 6\,\text{MPa}$,活塞杆用 40 号铬合钢制成,材料的许用应力$[\sigma] = 300\,\text{MPa}$,活塞杆最细处的直径 $d_C = 44\,\text{mm}$,试校核活塞杆的强度。

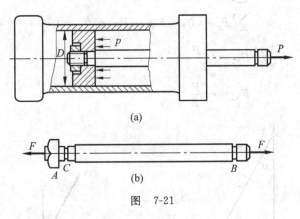

(a)

(b)

图　7-21

解:(1) 取活塞杆为研究对象,受力情况如图 7-21(b)所示。

(2) 求轴力。整个活塞杆为等轴力杆,轴力为

$$F_N = F \approx \frac{\pi \cdot D^2}{4} \times p = \frac{3.14 \times 252^2 \times 10^{-6}}{4} \times 6 \times 10^6 = 300\,\text{kN}$$

(3) 求活塞杆的最大工作应力。由于 C 段的横截面最小,所以活塞杆的最大工作应力在 C 段,为

$$\sigma_{max} = \frac{F_N}{A_C} = \frac{4F_N}{\pi d_C^2} = \frac{4 \times 300 \times 10^3}{3.14 \times 44^2 \times 10^{-6}} = 197\,\text{MPa}$$

(4) 强度判断。

因为　　$\sigma_{max} = 197\,\text{MPa} < [\sigma] = 300\,\text{MPa}$

所以活塞杆满足强度条件,不会发生强度破坏。或者说,活塞杆能安全工作。

例 7-7　在上例中,其他条件不变,试设计为了能承受 $P = 300\,\text{kN}$ 的最大拉力,所需要的 C 段的最小直径 d_{min}。

解:根据强度条件

$$\sigma_{max} = \frac{F_N}{A_C} = \frac{F_N}{\pi d_C^2 / 4} = \frac{4F_N}{\pi d_C^2} \leqslant [\sigma]$$

$$d_C \geqslant \sqrt{\frac{4F_N}{\pi[\sigma]}} = \sqrt{\frac{4 \times 300 \times 10^3}{3.14 \times 300 \times 10^6}} = 35.7 \times 10^{-3} \text{ m} = 35.7 \text{ mm}$$

所以取

$$d_{\min} = 36 \text{ mm}$$

思考：若例 7-6 中活塞杆的条件不变，则该活塞杆所能承受的最大拉力 $P_{\max}$ 应该大于 300 kN、小于 300 kN 还是等于 300 kN?

例 7-8 如图 7-22(a)所示支架，在节点 B 处承受铅垂载荷 P 作用。已知 AB、BC 两杆的横截面面积均为 $A = 100 \text{ mm}^2$，材料的许用拉应力 $[\sigma_{拉}] = 150 \text{ MPa}$，许用压应力 $[\sigma_{压}] = 200 \text{ MPa}$，试计算载荷 P 的最大允许值。

解：(1) 求各杆的受力

取节点 B 为研究对象，两杆均为二力杆，采用设正法，则节点 B 受力如图 7-22(b)所示。建立坐标，列平衡方程

$$\sum F_x = 0, \quad F_{N2} + P\sin 30° = 0$$

$$\sum F_y = 0, \quad F_{N1} - P\cos 30° = 0$$

解得

$$F_{N1} = \frac{\sqrt{3}P}{2}$$

$$F_{N2} = -\frac{P}{2}$$

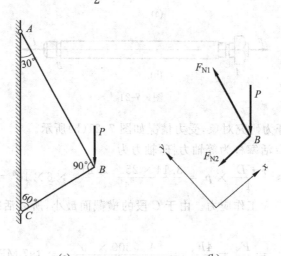

(a)　　　　　　　　　　(b)

图　7-22

F_{N1} 为正值、F_{N2} 为负值，说明 AB 杆受拉，BC 杆实际受压。

(2) 根据两杆的强度条件求最大外载荷

AB 杆的强度条件

$$\frac{F_{N1}}{A} = \frac{\sqrt{3}P}{2A} \leqslant [\sigma_{拉}]$$

得

$$P \leqslant \frac{2A[\sigma_{拉}]}{\sqrt{3}} = \frac{2 \times 100 \times 10^{-6} \times 150 \times 10^6}{\sqrt{3}} = 17.4 \text{ kN} \tag{1}$$

BC 杆的强度条件　　　　　$\dfrac{F_{N2}}{A}=\dfrac{P}{2A}\leqslant[\sigma_\text{压}]$

得　　　　　　$P\leqslant 2A[\sigma_\text{压}]=2\times100\times10^{-6}\times200\times10^6=40\ \text{kN}$　　　　(2)

综合式(1)、式(2)，结构所允许的最大外载荷为 $P_{\max}=17.4\ \text{kN}$。

7.6　轴向拉伸与压缩时的变形

7.6.1　纵向变形和横向变形的概念

试验表明：当直杆受轴向拉伸时，杆沿轴线方向伸长，横向尺寸变小，如图 7-23(a)所示；当直杆受轴向压缩时，杆沿轴线方向缩短，横向尺寸变大，如图 7-23(b)所示。

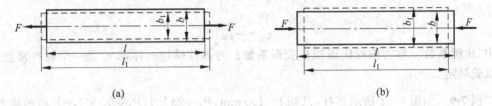

图　7-23

纵向变形：杆沿轴线方向的绝对变形量。

$$\Delta l=l_1-l$$

横向变形：杆在垂直轴线方向的绝对变形量。

$$\Delta b=b_1-b$$

纵向正应变：沿轴线方向单位长度的变形量。

$$\varepsilon=\dfrac{\Delta l}{l}$$

横向正应变：沿垂直轴线方向单位长度的变形量。

$$\varepsilon'=\dfrac{\Delta b}{b}$$

7.6.2　纵向变形的计算

根据试验，在比例极限内，材料服从胡克定律，即当 $\sigma\leqslant\sigma_p$ 时，有

$$\sigma=E\varepsilon$$

已知 $\sigma=\dfrac{F_N}{A}$，$\varepsilon=\dfrac{\Delta l}{l}$，代入上式并整理，得

$$\Delta l=\dfrac{F_N l}{EA}\qquad\qquad(7\text{-}8)$$

上式是胡克定律的另一种表达形式。公式表明：在比例极限内，杆的纵向变形 Δl 与轴力和

杆的原长 l 成正比,与 EA 成反比。EA 称为杆的抗拉(压)刚度。显然,在一定的外力作用下,抗拉(压)刚度越大,杆的纵向变形越小。

注意:
- 该公式只适用于等截面、等轴力杆。
- Δl 与轴力 F_N 同号,拉为正、压为负。

7.6.3　横向变形的计算　泊松比

试验表明:当应力不超过比例极限时,横向正应变 ε' 与纵向正应变 ε 之比的绝对值是一个常数,即有

$$\left|\frac{\varepsilon'}{\varepsilon}\right| = \mu$$

由于在拉伸或压缩过程中,横向正应变 ε' 与纵向正应变 ε 恒为异号,所以上式写为

$$\frac{\varepsilon'}{\varepsilon} = -\mu$$

或
$$\varepsilon' = -\mu\varepsilon \tag{7-9}$$

其中,比例系数 μ 称为**泊松比**或**横向变形系数**。与弹性模量一样,μ 也是一个材料常数,通过试验确定。

例 7-9　如图 7-24 所示直杆,已知 $l=200\,\text{mm}$,$P_1=25\,\text{kN}$,$P_2=10\,\text{kN}$,AB 段的横截面面积 $A_1=200\,\text{mm}^2$,BC 段的横截面面积 $A_2=150\,\text{mm}^2$。材料的弹性模量 $E=200\,\text{GPa}$。求 C 点的水平位移。

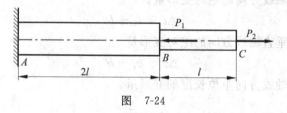

图　7-24

解: 整个杆可以分为等截面、等轴力的 AB 段和 BC 段。

(1) AB 段

轴力　　　　　　　　　　$F_{N1}=P_2-P_1=10-25=-15\,\text{kN}$

长度　　　　　　　　　　$l_1=2l=2\times200=400\,\text{mm}$

纵向变形量 $\Delta l_1 = \dfrac{F_{N1}l_1}{EA_1} = \dfrac{-15\times10^3\times0.4}{200\times10^9\times200\times10^{-6}} = -0.15\times10^{-3}\,\text{m} = -0.15\,\text{mm}$

(2) BC 段

轴力　　　　　　　　　　$F_{N2}=P_2=10\,\text{kN}$

长度　　　　　　　　　　$l_2=l=200\,\text{mm}$

纵向变形量 $\Delta l_2 = \dfrac{F_{N2}l_2}{EA_2} = \dfrac{10\times10^3\times0.2}{200\times10^9\times150\times10^{-6}} = 0.07\times10^{-3}\,\text{m} = 0.07\,\text{mm}$

(3) AC 段总的变形量,即 C 点的水平位移为

$$\Delta l = \Delta l_1 + \Delta l_2 = -0.15 + 0.07 = -0.08\,\text{mm}$$

负号表明 AC 缩短，C 点的水平位移向左。

7.7 应力集中的概念

根据前面的研究，等截面直杆受轴向拉伸或压缩时，横截面上的应力是均匀分布的，这个结论对于截面变化缓慢的直杆也同样适用。

但工程中的一些实际构件，由于结构或工艺方面的要求，常常带有切口、键槽、油孔以及螺纹等，这些结构使得截面尺寸发生突然变化，应力分布也不再均匀。

以图 7-25(a)所示带小圆孔的直杆为例。试验表明，在离圆孔较远的截面 1-1 上，应力是均匀分布的；但在穿过圆孔的 2-2 截面上，在靠近圆孔的局部区域内，应力急剧增加，而在离开圆孔稍远处，应力就迅速降低并趋于均匀。如图 7-26 所示，具有浅槽的圆截面杆受轴向拉伸时，靠近槽边处应力很大。

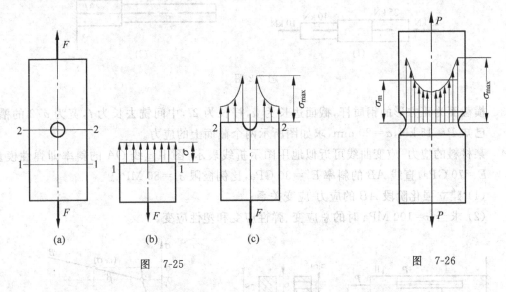

图 7-25   图 7-26

应力集中：由于截面的突然变化而引起的应力局部剧增的现象。

应力集中系数：最大局部应力 σ_{max} 与同一截面上平均应力 σ_m 的比值，称为应力集中系数。通常以 α_k 表示，即有

$$\alpha_k = \frac{\sigma_{max}}{\sigma_m}$$

应力集中系数 α_k 是一个大于 1 的数，它反映了应力集中的程度。

试验结果表明：截面尺寸变化越急剧、切口越尖、孔越小，应力集中就越严重。因此，零件上应尽可能地避免带尖角的孔和槽，阶梯轴的轴肩处都有圆弧过渡，且圆弧半径越大越好。

对于钻孔及螺纹等典型情况，在各种受力下的应力集中系数，可查阅有关的机械设计手册。

习　题

7-1　求指定截面的轴力,并作轴力图。

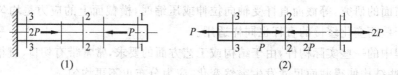

题 7-1 图

7-2　作轴力图。

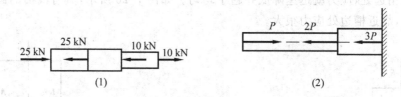

题 7-2 图

7-3　横截面为正方形的钢质杆,截面边长为 a,杆长为 $2l$,中间铣去长为 l,宽为 $a/2$ 的槽。已知 $P=15$ kN,$a=20$ mm,求如图所示两个截面上的应力。

7-4　某材料的应力-应变曲线可近似地用图示折线表示,图中直线 OA 的斜率即弹性模量 $E=70$ GPa,直线 AB 的斜率 $E'=30$ GPa,比例极限 $\sigma_p=80$ MPa。

（1）建立强化阶段 AB 的应力-应变关系;

（2）求当 $\sigma=100$ MPa 时的总应变、弹性应变和塑性应变。

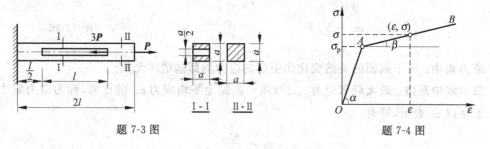

题 7-3 图　　　　　　　　　　　　题 7-4 图

7-5　如图所示千斤顶的丝杠,最大承重 100 kN,材料为 A3 钢,许用应力为 $[\sigma]=160$ MPa,试根据强度条件设计丝杠的有效直径 d_1。

7-6　一简易吊车的摇臂如图所示,钢杆 AB 的直径 $d=20$ mm,材料的许用应力为 $[\sigma]=140$ MPa,最大载重量 $G=20$ kN,试校核钢杆 AB 的强度。

7-7　图示结构,A 为固定铰链,C 为滑轮,AB 梁通过钢索悬挂在滑轮上,不计摩擦。已知 $P=70$ kN,钢索的横截面面积 $A=500$ mm²,求钢索中的应力。

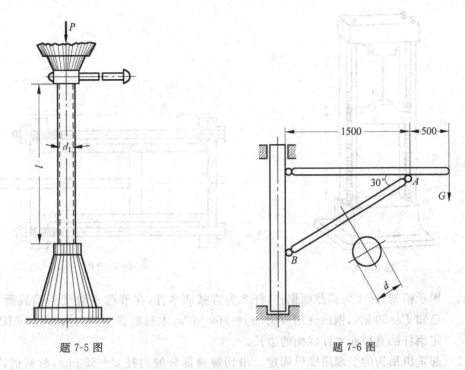

题 7-5 图

题 7-6 图

7-8 图示支架,在节点 B 处承受载荷 P 的作用。已知两杆的横截面面积均为 $150\ \text{mm}^2$,材料的许用拉应力 $[\sigma_{拉}] = 200\ \text{MPa}$,许用压应力 $[\sigma_{压}] = 150\ \text{MPa}$,试计算载荷 P 的最大允许值。

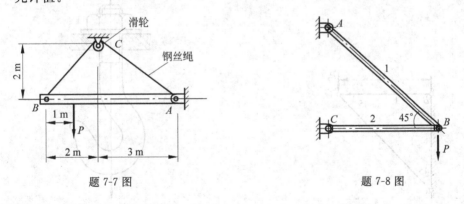

题 7-7 图

题 7-8 图

7-9 如图所示为材料试验机的拉伸试验示意图,设试验机的 4 根立柱 AB 与试件 CD 同为低碳钢,其 $\sigma_s = 240\ \text{MPa}$,$\sigma_b = 400\ \text{MPa}$。每根立柱的直径 $D = 30\ \text{mm}$,试验机的最大拉力为 $100\ \text{kN}$。

(1) 用这一试验机作拉断试验时,试样直径最大可达多大?

(2) 若试验机的安全系数 $n = 2$,试校核立柱的强度。

7-10 承受冲击的汽缸盖螺栓通常都是如图所示的长螺栓,设连接部分的长度 $l = 600\ \text{mm}$,直径 $d = 20\ \text{mm}$,拧紧螺母时螺栓的伸长 $\Delta l = 0.3\ \text{mm}$,螺栓所用材料的弹性模量为 $E = 200\ \text{GPa}$,泊松比 $\mu = 0.3$。试计算螺栓横截面上的正应力和横向变形。

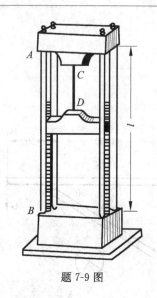

题 7-9 图

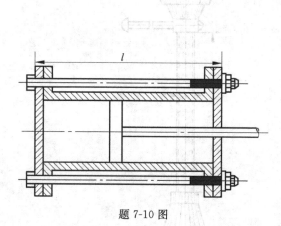

题 7-10 图

7-11 图示桁架,杆 1 为圆截面钢杆,杆 2 为方截面木杆,在节点 A 处受铅垂载荷 P 作用,已知 $P = 50$ kN,钢的许用应力 $[\sigma] = 160$ MPa,木材的许用应力 $[\sigma] = 10$ MPa。试确定钢杆的直径和木杆截面的边长。

7-12 起重机吊钩的上端用螺母固定。吊钩螺栓部分的内径 $d = 55$ mm,材料的许用应力 $[\sigma] = 80$ MPa,最大起吊重量为 180 kN,试校核螺栓部分的强度。

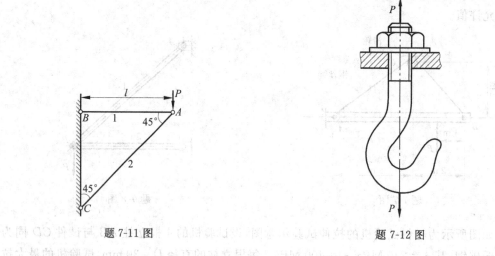

题 7-11 图

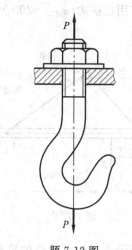

题 7-12 图

7-13 如图所示为三种材料的应力-应变曲线。问哪种材料的强度最高?哪种材料抵抗变形的能力最好?哪种材料的塑性最好?

7-14 图示两杆悬吊重量为 G 的重物,求 B 点的垂直位移。

7-15 变截面直杆如图所示,$A_1 = 600$ mm²,$A_2 = 800$ mm²,弹性模量 $E = 200$ GPa,求杆的总伸长。

7-16 图示结构,假设梁 AB 为刚体,杆 1 为钢质圆杆,直径 $d_1 = 25$ mm,材料的弹性模量 $E_1 = 200$ GPa;杆 2 为铜质圆杆,直径 $d_2 = 30$ mm,材料的弹性模量 $E_2 = 100$ GPa,问:(1)为了使梁 AB 始终保持水平,求 x 的值。(2)如果 $P = 40$ kN,求两杆横截面

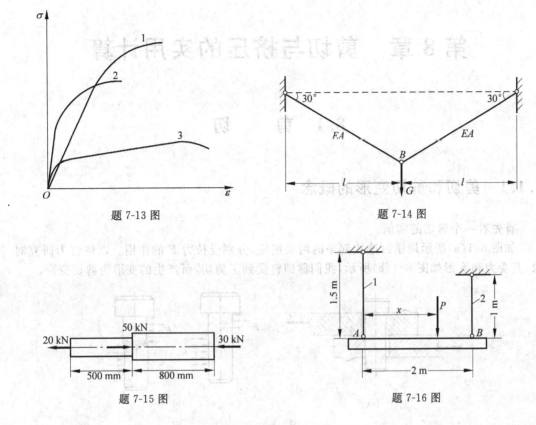

题 7-13 图　　　　　　　　　　题 7-14 图

题 7-15 图　　　　　　　　　　题 7-16 图

上的应力。

7-17　一轴向压缩杆,横截面为 $a \times b$ 的矩形,问变形过程中,横截面长、短边的比值是否会改变?

第8章 剪切与挤压的实用计算

8.1 剪 切

8.1.1 剪切和剪切变形的概念

首先看一个剪切的实例。

如图 8-1(a)所示用销钉连接起来的两块钢板,分别受拉力 F 的作用。以销钉为研究对象,其受力和变形如图 8-1(b)所示,我们称销钉受到了剪切,所产生的变形为剪切变形。

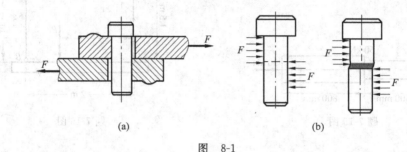

(a) (b)

图 8-1

剪切和剪切变形:作用于构件某一截面两侧的力,大小相等,方向相反,且相互平行,使构件的两部分沿着这一截面发生相对错动,称构件受到了剪切,所发生的变形称为剪切变形,该截面为剪切面。

工程中的许多构件,尤其是各种连接件,如铆钉(图 8-2)、键(图 8-3)、木接榫(图 8-4)等都受到剪切的作用。

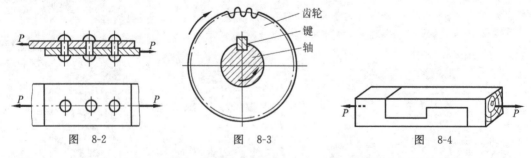

图 8-2 图 8-3 图 8-4

8.1.2 剪力、剪应力和剪切强度条件

1. 剪力

剪力:作用线与截面相切的内力,或者说,作用线在截面内的内力。

下面利用截面法来分析销钉剪切面上的内力。

沿剪切面假想地将销钉切开,取下段为研究对象,如图 8-5 所示。根据平衡,分析得到:剪切面上的内力作用线一定与剪切面相切,即剪切面上的内力是一个剪力,用 Q 表示。

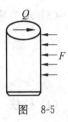

图　8-5

2. 剪切面上的剪应力

剪切面上单位面积上的剪力即剪应力。剪切面上剪应力的实际分布比较复杂,无论从理论还是实验方面去进行研究都非常困难,因此实际计算中,进行了假设:假设剪切面上的剪应力是均匀分布的。

以 A 表示剪切面的面积,则剪应力为

$$\tau = \frac{Q}{A} \tag{8-1}$$

上式中的剪应力,是在假设的前提下得到的,它与剪切面上的实际剪应力是有区别的,因此称为名义剪应力。名义剪应力实际上是剪切面上的平均剪应力。

3. 剪切强度条件

剪切强度条件:剪切面上的剪应力必须小于或等于材料的许用剪应力。

即

$$\tau = \frac{Q}{A} \leqslant [\tau] \tag{8-2}$$

许用剪应力:由于公式中的剪应力是一个名义剪应力,为了弥补这一缺陷,公式中材料的许用剪应力采用直接试验法求得。

具体方法是:试验中使试件的受力尽可能地接近实际连接件的受力情况,得到试件失效时的极限载荷,在相同的假设条件下求得极限名义剪应力,除以安全系数 n,得许用剪应力 $[\tau]$。

例 8-1　图 8-6 所示固定铰链中的螺栓直径 $d = 25$ mm,$F = 15$ kN,材料的许用剪应力 $[\tau] = 100$ MPa,试校核螺栓的剪切强度。

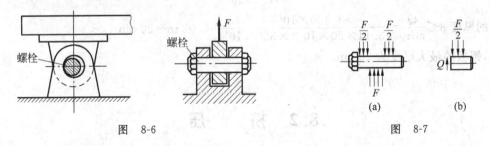

图　8-6　　　　　　　　　　　　　　　　图　8-7

解:(1) 取螺栓为研究对象,受力如图 8-7(a)所示。可以看出,螺栓有两个剪切面,这种情况称为双剪切。

(2) 利用截面法可以求出两个剪切面上具有相同的剪力

$$Q = \frac{F}{2}$$

（3）求剪应力

$$\tau = \frac{Q}{A} = \frac{\frac{F}{2}}{\frac{\pi d^2}{4}} = \frac{2F}{\pi d^2} = \frac{2 \times 15 \times 10^3}{3.14 \times 25^2 \times 10^{-6}} = 15.28 \text{ MPa}$$

（4）校核

$$\tau < [\tau]$$

所以强度足够。

例 8-2 图 8-8(a)所示冲床的最大冲压力为 $F_{max} = 400$ kN，被冲剪钢板的剪切强度极限是 $\tau_b = 320$ MPa，现在需要在钢板上冲出直径 $d = 20$ mm 的圆孔，求钢板厚度 δ 的最大值。

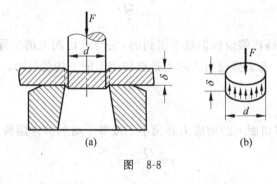

图 8-8

解：（1）取被冲掉圆柱体为研究对象，受力如图 8-8(b)所示。

（2）求剪力。该问题的剪切面是被冲掉部分的圆柱面，设圆柱面上的剪力为 Q，根据平衡，有

$$Q = F_{max} = 400 \text{ kN}$$

（3）利用剪切强度条件求钢板的最大厚度

剪切面面积为

$$A = \pi d \delta$$

钢板被剪断的条件为

$$\tau = \frac{Q}{A} = \frac{Q}{\pi d \delta} \geqslant \tau_b$$

钢板的厚度

$$\delta \leqslant \frac{Q}{\pi d \tau_b} = \frac{400 \times 10^3}{3.14 \times 20 \times 10^{-3} \times 320 \times 10^6} = 0.02 \text{ m} = 20 \text{ mm}$$

所以，钢板的最大厚度为 20 mm。

8.2 挤 压

工程实际中发现，连接件除了会发生剪切强度破坏以外，还有其他的破坏形式，如被压扁、表面起皱等，这种由于局部挤压而引起的显著的塑性变形也是不允许的，所以要考虑挤压强度问题。

8.2.1　挤压的基本概念

（1）挤压：在外力作用下，连接件和被连接构件在接触面上相互压紧的现象。

（2）挤压面：连接件和被连接构件相接触的表面。

（3）挤压力：连接件和被连接构件在挤压面上的相互作用力，用 F_{bs} 来表示。

（4）挤压应力：挤压面上单位面积上的挤压力，用 σ_{bs} 来表示。

8.2.2　挤压应力的计算

在挤压面上，挤压应力的实际分布一般都比较复杂。对于挤压面为圆柱面的情况，挤压应力的分布大致如图 8-9 所示，最大应力在挤压面的中间。而在实际的强度分析中，这个最大值正是我们所关心的。

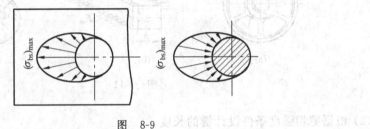

图　8-9

试验和实践表明，采用如下近似计算，所得挤压应力与实际挤压应力的最大值接近。近似公式为

$$\sigma_{bs} = \frac{F_{bs}}{A_{bs}} \tag{8-3}$$

其中，A_{bs} 的物理意义为：

- 当实际挤压面为平面时（如键连接），公式中的 A_{bs} 就是实际挤压面。
- 当实际挤压面为圆柱面，如铆钉连接，公式中的 A_{bs} 是实际挤压面在直径平面上的正投影面积，即如图 8-10 中的 $abcd$ 平面，则有公式 $A_{bs} = d \cdot t$。

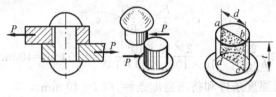

图　8-10

8.2.3　挤压强度条件

挤压强度条件：实际挤压应力必须不大于材料的许用挤压应力。用公式表示为

$$\sigma_{bs} = \frac{F_{bs}}{A_{bs}} \leqslant [\sigma_{bs}] \tag{8-4}$$

一般情况下，材料的$[\sigma_{bs}]$与$[\sigma]$之间的关系为

$$[\sigma_{bs}] = (1.7 \sim 2.0)[\sigma]$$

例 8-3 轴和皮带轮用平键连接，如图 8-11(a)所示，已知轴的直径 $d=50$ mm，平键的宽 $b=15$ mm，高 $h=10$ mm。轴传递的力偶矩 $M=400$ N·m，平键所用材料的许用剪应力 $[\tau]=60$ MPa，许用挤压应力为$[\sigma_{bs}]=80$ MPa，试设计键的长度 l。

解：（1）求剪力

平键 m-n 的截面为剪切面，取图 8-11(c)所示部分为研究对象，列平衡方程，有

$$M = Q \cdot \frac{d}{2}$$

得

$$Q = \frac{2M}{d} = \frac{2 \times 400}{50 \times 10^{-3}} = 16 \text{ kN}$$

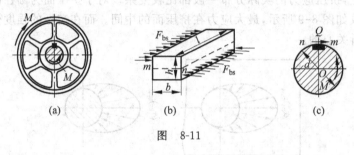

图 8-11

（2）根据剪切强度条件设计键的长度

剪切面面积 $\qquad\qquad\qquad\qquad A = bl$

剪切强度条件 $\qquad\qquad\qquad \tau = \dfrac{Q}{A} = \dfrac{Q}{bl} \leqslant [\tau]$

键的长度 $\qquad\qquad l \geqslant \dfrac{Q}{b[\tau]} = \dfrac{16 \times 10^3}{15 \times 10^{-3} \times 60 \times 10^6} = 0.018 \text{ m} = 18 \text{ mm}$

（3）根据挤压强度条件设计键的长度

挤压力 $\qquad\qquad\qquad\qquad F_{bs} = Q$

挤压面面积 $\qquad\qquad\qquad A_{bs} = \dfrac{hl}{2}$

挤压强度条件 $\qquad\qquad \sigma_{bs} = \dfrac{F_{bs}}{A_{bs}} = \dfrac{2Q}{hl} \leqslant [\sigma_{bs}]$

键的长度 $\qquad\quad l \geqslant \dfrac{2Q}{h[\sigma_{bs}]} = \dfrac{2 \times 16 \times 10^3}{10 \times 10^{-3} \times 80 \times 10^6} = 0.04 \text{ m} = 40 \text{ mm}$

（4）综合考虑剪切强度条件和挤压强度条件，取 $l=40$ mm。

例 8-4 图 8-12(a)所示两块钢板用两个铆钉连接，铆钉材料为 A3 钢，材料的许用剪应力$[\tau]=120$ MPa，许用挤压应力为$[\sigma_{bs}]=320$ MPa，拉力 $P=50$ kN，铆钉直径 $d=17$ mm，钢板厚 $\delta=10$ mm，试校核铆钉的强度。

解：（1）任取一个铆钉为研究对象，受力分析如图 8-12(b)所示。

（2）校核铆钉的剪切强度

铆钉的剪切面如图中虚线所示，用截面法求得剪力

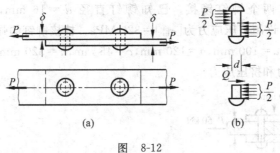

图　8-12

$$Q = \frac{P}{2} = 25 \text{ kN}$$

剪应力　　　　　$\tau = \dfrac{Q}{A} = \dfrac{4Q}{\pi d^2} = \dfrac{4 \times 25 \times 10^3}{3.14 \times 17^2 \times 10^{-6}} = 110 \text{ MPa} < [\tau]$

所以铆钉满足剪切强度条件。

（3）校核铆钉的挤压强度

铆钉的实际挤压面为圆柱面，计算中的挤压面为

$$A_{bs} = d\delta$$

挤压应力为

$$\sigma_{bs} = \frac{P_{bs}}{A_{bs}} = \frac{P}{2d\delta} = \frac{50 \times 10^3}{2 \times 17 \times 10^{-3} \times 10 \times 10^{-3}} = 147 \text{ MPa} < [\sigma_{bs}]$$

所以也满足挤压强度条件。

习　　题

8-1　拖车挂钩靠销钉来连接，已知拉力 $F = 15 \text{ kN}$，挂钩部分的钢板厚度为 $t_1 = 8 \text{ mm}$，$t_2 = 12 \text{ mm}$，销钉直径 $d = 25 \text{ mm}$，材料的许用剪应力 $[\tau] = 30 \text{ MPa}$，许用挤压应力为 $[\sigma_{bs}] = 100 \text{ MPa}$，试校核销钉的强度。

8-2　如图所示为凸缘联轴节，已知传递的转矩 $M = 4 \text{ kN} \cdot \text{m}$，有 4 个螺栓分布在 $D = 200 \text{ mm}$ 的圆周上，轴的直径 $d = 80 \text{ mm}$，键的尺寸为 $b = 20 \text{ mm}$，$h = 14 \text{ mm}$，$l = 140 \text{ mm}$。图中 $t = 8 \text{ mm}$，键和螺栓的许用剪应力 $[\tau] = 70 \text{ MPa}$，许用挤压应力为 $[\sigma_{bs}] = 100 \text{ MPa}$。试（1）校核键的强度；（2）设计螺栓的直径。

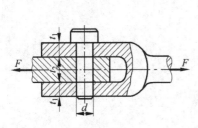

题 8-1 图

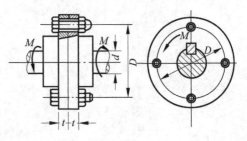

题 8-2 图

8-3　图示对接头有两个铆钉铆接。已知铆钉直径 $d = 16$ mm，材料的许用剪应力 $[\tau] = 140$ MPa，许用挤压应力为 $[\sigma_{bs}] = 320$ MPa。校核铆钉的强度。

8-4　如图所示，已知 $a = 100$ mm，$b = 120$ mm，$c = 45$ mm，$h = 320$ mm，拉力 $P = 40$ kN。求接头中的剪应力和挤压应力。

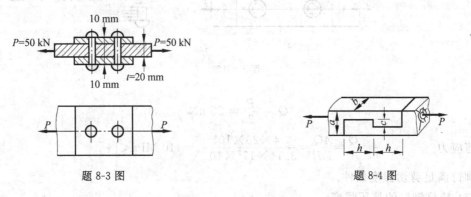

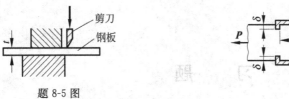

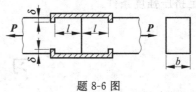

题 8-3 图　　　　　　　　　　　　　　　　　题 8-4 图

8-5　钢板进行下料时，就是使钢板受剪切而切下钢料的。已知钢板厚度为 $t = 10$ mm，宽 $b = 400$ mm，钢板的许用剪应力 $[\tau] = 60$ MPa。问：为了剪下钢板，需要多大的剪力？

8-6　两根截面为矩形的木板用钢连接器连接在一起，受拉力 $P = 40$ kN，木杆截面宽 $b = 200$ mm，并有足够的高度。如木料顺纹许用剪应力 $[\tau] = 1$ MPa，许用挤压应力 $[\sigma_{jy}] = 8$ MPa，求接头的尺寸 l 和 δ。

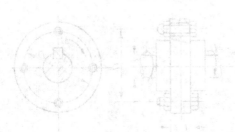

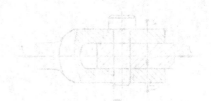

题 8-5 图　　　　　　　　　　　　　　　　　题 8-6 图

第9章 扭 转

9.1 扭转的概念和实例

    首先以图 9-1(a)所示汽车转向轴为例,来说明扭转变形的概念。

    汽车转弯时,两手在方向盘所在平面内施加一对大小相等,方向相反,作用线相互平行的力 P,形成一个力偶。这样,转向轴的上端 A 受到经方向盘传来的力偶作用,下端 B 受到来自转向器的阻抗力偶作用,如图 9-1(b)所示。在上述力偶作用下,转向轴产生如图 9-1(c)所示的变形,其变形特点是:直杆的纵向直线变为螺旋线。这种变形称为直杆的**扭转变形**,简称为**扭转**。

    以扭转变形为主要变形的杆,工程上统称为**轴**。如电动机主轴、水轮机主轴、机床传动轴、搅拌机轴等。

    轴的扭转变形受截面形状的影响,不同截面形状的扭转轴将产生不同的扭转变形,圆截面轴的扭转变形如图 9-1(c)所示,而矩形截面轴的扭转变形如图 9-2 所示。工程中最常见的是圆截面轴的扭转,也是扭转中最简单的一种情况。本章的研究对象是圆截面轴,包括实心圆截面轴和空心圆截面轴两种情况。

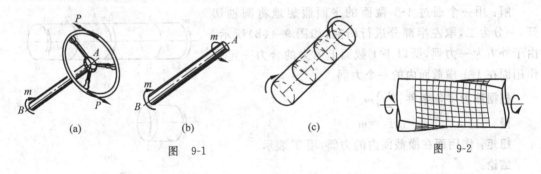

      (a)   (b)   (c)

图 9-1   图 9-2

9.2 外力偶矩的计算、扭矩和扭矩图

9.2.1 外力偶矩的计算

    对于传动轴,作用于轴上的外力偶矩往往不直接给出,所给出的是轴所传递的功率和轴的转速。

如图 9-3 所示电动机工作时,通过电动机主轴和皮带轮将功率输入到 AB 轴上,再经 AB 轴右端的齿轮输送出去。设已知 AB 轴所传递的功率为 N kW,转速为 n r/min,求 AB 轴所受到的外力偶矩 m。

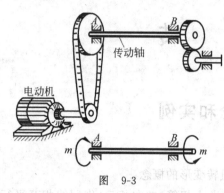

图　9-3

设电动机通过皮带轮作用于 AB 轴上的外力偶矩为 m,轴的转速为 n r/min,则轴每秒钟转过的弧度为 $2\pi n/60$,力偶矩 m 每秒钟所做的功为 $m2\pi n/60$,也就是电动机通过皮带轮每秒钟输入到 AB 轴上的功,单位是 N · m/s,即 AB 轴传递的功率,所以有

$$1000N = m2\pi n/60$$

由此计算出传动轴外力偶矩的公式为

$$m = 9549 \frac{N}{n} \text{N} \cdot \text{m} \tag{9-1}$$

9.2.2　扭矩和扭矩图

1. 扭矩

首先看一个例子。

例 9-1　图 9-4(a)所示圆轴,已知外力偶矩 m,求 1-1 截面上的内力。

解:用一个通过 1-1 截面的平面假想地将圆轴切开,一分为二,取左半部分进行研究,如图 9-4(b)所示。由于外力为一力偶,所以 1-1 截面上内力的合力一定是作用面在 1-1 横截面内的一个力偶。

根据静力平衡条件:$\sum m_i = 0$

得　　　　　　　　$T_1 = m$

扭矩:作用面在横截面内的力偶,用 T 表示。

结论:

- 圆轴扭转时,横截面上的内力是一个作用面在横截面内的力偶,即扭矩。

- 扭矩为代数量,正、负号的规定按右手螺旋法则:右手的四指沿着扭矩的旋转方向,如果拇指的指向与该扭矩所作用横截面的外法线方向一致,则扭矩为正,反之为负。

由此,可以判断 1-1 截面上的扭矩为正。

本题中,如取右半部分为研究对象,受力如图 9-5 所示,设扭矩 T_1 为正,根据 $\sum m = 0$,

得　　　　　　　　$T_1 - 2m + m = 0$

所以　　　　　　　$T_1 = m$

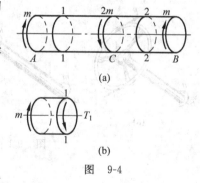

(a)

(b)

图　9-4

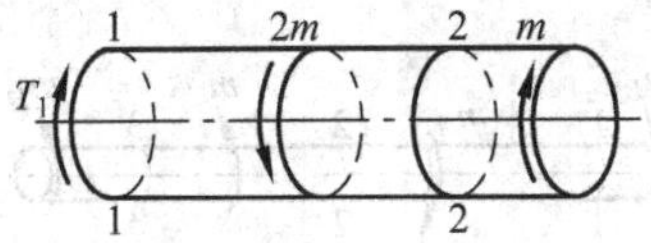

图 9-5 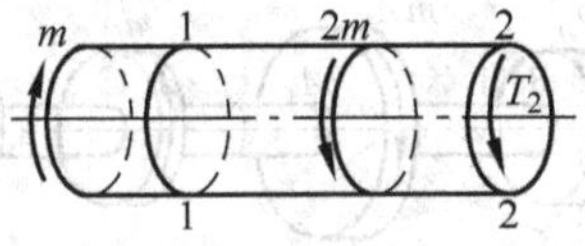   图 9-6

由此可见,不管取哪一部分作为研究对象,最后的计算结果是完全相同的。

例 9-2 求图 9-4(a)中 2-2 截面上的扭矩。

解:用一个通过 2-2 截面的平面假想地将轴切开,一分为二,取左段为研究对象,设扭矩 T_2 为正,受力如图 9-6 所示。

列平衡方程
$$\sum m = 0$$

得
$$m - 2m - T_2 = 0$$
$$T_2 = -m$$

T_2 为负值,说明 2-2 截面上实际扭矩的方向与所设的 T_2 的方向相反。

2. 扭矩图

一般情况下,扭转轴各截面的扭矩不尽相同,为了形象地表示扭矩沿轴线的变化情况,采用绘制扭矩图的方法。

以平行于轴线的坐标表示横截面的位置,以垂直于轴线的坐标表示扭矩的大小,描绘的扭矩沿轴线变化情况的图形称为**扭矩图**。

例如图 9-4(a)所示轴的扭矩图。

AB 轴可以分为等扭矩的 AC 段和 CB 段,AC 段各截面的扭矩都等于 T_1,CB 段各截面的扭矩都等于 T_2。建立如图 9-7 所示坐标,水平轴代表各截面的位置,垂直轴代表扭矩的大小,正扭矩画在水平轴的上方,负扭矩画在水平轴的下方,得到图 9-7 所示扭矩图。

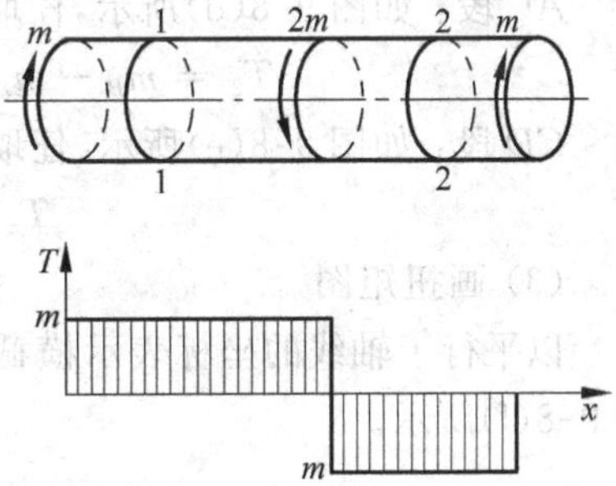

例 9-3 图 9-8(a)、图 9-8(b)所示传动轴,转速 $n = 300$ r/min。A 为主动轮,输入功率 $N_A = 10$ kW;B、C、D 为从动轮,输出功率分别为 $N_B = 4.5$ kW,$N_C = 3.5$ kW,$N_D = 2.0$ kW。试绘轴的扭矩图。

图 9-7

解:(1) 外力偶矩的计算

作用在 A、B、C、D 轮上的外力偶矩分别为

$$m_A = 9549 \frac{N_A}{n} = 9549 \times \frac{10}{300} = 318.3 \text{ N} \cdot \text{m}$$

$$m_B = 9549 \frac{N_B}{n} = 9549 \times \frac{4.5}{300} = 143.2 \text{ N} \cdot \text{m}$$

$$m_C = 9549 \frac{N_C}{n} = 9549 \times \frac{3.5}{300} = 111.4 \text{ N} \cdot \text{m}$$

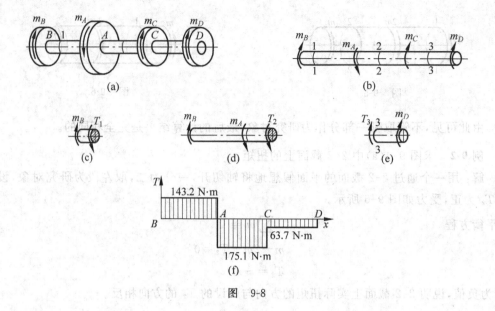

图 9-8

$$m_D = 9549 \frac{N_D}{n} = 9549 \times \frac{2.0}{300} = 63.7 \, \text{N} \cdot \text{m}$$

（2）扭矩计算

将轴分为等扭矩的 BA、AC、CD 三段，用截面法求出每一段上的扭矩。

BA 段：如图 9-8(c)所示，任取其中一个截面 1-1，将轴假想地从 1-1 截面切开，采用设正法，取左段为研究对象，则有

$$T_1 - m_B = 0$$
$$T_1 = m_B = 143.2 \, \text{N} \cdot \text{m}$$

AC 段：如图 9-8(d)所示，任取 2-2 截面，同理有

$$T_2 = m_B - m_A = 143.2 - 318.3 = -175.1 \, \text{N} \cdot \text{m}$$

CD 段：如图 9-8(e)所示，任取截面 3-3，取右段为研究对象，同理有

$$T_3 = -m_D = -63.7 \, \text{N} \cdot \text{m}$$

（3）画扭矩图

以平行于轴线的坐标表示横截面的位置，以垂直于轴线的坐标表示扭矩，作扭矩图如图 9-8(f)所示。

9.3　剪应力互等定理、剪切胡克定律

扭转轴横截面上的应力分析是一个比较复杂的问题。本节首先研究比较简单的薄壁圆筒承受扭转时横截面上的应力，并结合其受力和变形分析，介绍有关剪切的基本概念和定律，为圆轴扭转应力的分析奠定基础。

9.3.1　薄壁圆筒的扭转

为了分析薄壁圆筒的扭转应力,首先观察薄壁圆筒的扭转变形。

取一左端固定、右端自由的薄壁圆筒,在外表面上画上两条圆周线和与轴线平行的两条纵向线,相交形成一矩形网格 abcd,如图 9-9(a)所示。然后在圆筒自由端施加一外力偶矩 m,可以观察到:

- 圆周线的大小、形状,以及它们之间的距离均未改变,只是绕轴线作相对转动,两条圆周线分别转过不同的角度。
- 纵向线都倾斜了同一角度,矩形 abcd 变成了平行四边形,如图 9-9(b)所示。

以上所述是薄壁圆筒的表面变形情况,因为筒壁很薄,可近似认为筒内的变形与筒外表面的变形相同。

设两个圆周线和两条纵向线相距无限小,以两个圆周线所在截面、纵向线与轴线所确定的两个纵向截面为切面,从圆筒上取出如图 9-10 所示立方体,这个边长可以无限小的立方体称为**单元体**。单元体变形后的形状如图中虚线所示。可以看出,单元体既没有轴向正应变,也没有横向正应变,只是两个横截面间发生垂直半径方向的相对错动,即剪切变形,对应的 γ 为剪应变。

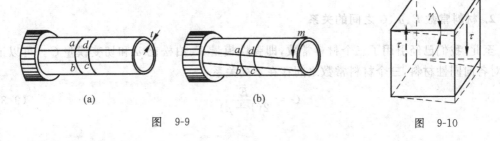

图　9-9　　　　　　　　　　　　图　9-10

结论:

- 薄壁圆筒扭转时横截面上没有正应力,只有剪应力,剪应力沿垂直半径方向。
  如果横截面上有正应力,两个圆周线的间距一定会改变;如果剪应力不垂直半径,单元体将发生前后错动。
- 薄壁圆筒包含轴线的纵向截面上没有正应力。
  如果包含轴线的纵向截面上有正应力,圆周线的周长将发生变化。
  由于筒壁很薄,可设剪应力沿壁厚方向均匀分布。且各点剪应力对截面形心的矩合成为截面的扭矩。

9.3.2　剪应力互等定理

以如图 9-11 所示的单元体为研究对象,设单元体的边长分别为 $\mathrm{d}x$、$\mathrm{d}y$ 和 t,在单元体的左、右两个侧面上,分别作用着剪力 $\tau t \mathrm{d}y$,这对大小相等、方向相反的剪力构成一力偶,力

偶矩为 $\tau t \mathrm{d}x \mathrm{d}y$，由于单元体处于平衡，所以在单元体的顶面和底面上，一定存在着剪应力 τ'，构成矩为 $\tau' t \mathrm{d}x \mathrm{d}y$ 的反向力偶，且存在关系式

$$\tau' t \mathrm{d}x \mathrm{d}y = \tau t \mathrm{d}x \mathrm{d}y$$

所以有

$$\tau' = \tau$$

图　9-11

上式表明：在相互垂直的两个截面上，剪应力必然成对存在，大小相等，都垂直于两个截面的交线，方向则共同指向或共同背离这一交线。这一规律称为**剪应力互等定理**。

9.3.3　剪切胡克定律

1. 剪切胡克定律

图 9-11 所示单元体的所有截面上只有剪应力没有正应力，这种情况称为**纯剪切**。

单元体在剪应力作用下，左右两个截面将发生微小的相对错动，如图 9-10 所示，使原来相互垂直的两个棱边的夹角改变了一个微量 γ，即剪应变。薄壁圆筒的扭转试验表明：当剪应力不超过材料的剪切比例极限 τ_p 时，剪应力和剪应变成线性关系，即

$$\tau = G\gamma \tag{9-2}$$

这个关系称为**剪切胡克定律**。

其中比例系数 G 称为**切变模量**，单位为 $\mathrm{N/m^2}$，是一个材料常数。

2. 材料常数 E、μ、G 之间的关系

至此，我们已经引用了三个材料常数，即弹性模量 E、泊松比 μ 和切变模量 G。可以证明，对各向同性材料，三个材料常数之间存在下列关系：

$$G = \frac{E}{2(1+\mu)} \tag{9-3}$$

9.4　圆轴扭转时的应力和强度条件

9.4.1　圆轴扭转时的应力

工程中的圆轴一般为实心轴或空心轴。研究圆轴扭转时横截面上的应力分布规律，需要从几何、物理、静力学三个方面进行考虑。

1. 几何方面

如图 9-12 所示，取一左端固定的等截面圆轴，在圆轴表面上作两条圆周线和两条与轴线平行的纵向线，在轴的右端施加一个力偶 m，可以观察到与薄壁圆筒受扭时相似的现象，即：圆周线的大小、形状不变，间距不变，只是各圆周线绕着轴线相对转过了一个角度；两条纵向线倾斜了同一个角度，矩形 $ABCD$ 变成了平行四边形。

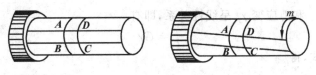

图　9-12

根据上述现象,对扭转轴的变形作如下假设:

(1)圆轴扭转过程中横截面保持为平面,大小和形状不变,半径仍为直线,这个假设称为圆轴扭转的**平面假设**。

(2)变形后,相邻横截面之间的距离不变。

根据这一假设,圆轴扭转时横截面就像刚性平面一样,各自绕轴线转过一个角度。根据与薄壁圆筒相同的理论分析,得到与薄壁圆筒同样的结论:

- 横截面上没有正应力,只有垂直于半径方向的剪应力。
- 包含轴线的纵向截面上没有正应力。

如图 9-13(a)所示,设两个圆周线和两条纵向线相距无限小。以两个圆周线所在截面、纵向线与轴线所确定的两个纵向截面为切面,从轴内切取一楔形体 O_1ABCDO_2 来分析,如图 9-13(b)所示。设两个横截面的距离为 $\mathrm{d}x$,变形后的楔形体如图中虚线所示:轴表面的矩形 $ABCD$ 变为平行四边形 $ABC'D'$,半径 O_2D、O_2C 变形后仍为直线,移动到 O_2D'、O_2C',在半径为 ρ 的内层取一矩形 $abcd$,变形后变为 $abc'd'$。

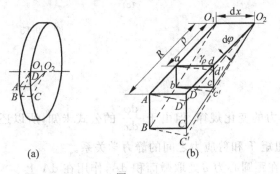

(a)　　　　　　　　　(b)

图　9-13

设 $\mathrm{d}\varphi = \angle DO_2D'$ 为半径转过的角度,亦即楔形体左、右两截面间的相对扭转角。

设 $\gamma_\rho = \angle dad'$,由图形可以看出

$$dd' = \gamma_\rho \mathrm{d}x = \rho \mathrm{d}\varphi$$

即

$$\gamma_\rho = \frac{\mathrm{d}\varphi}{\mathrm{d}x}\rho \tag{9-4}$$

式中 $\dfrac{\mathrm{d}\varphi}{\mathrm{d}x}$ 代表扭转角沿轴线方向的变化率。对于同一截面,它是一个定值。由此可见,剪应变 γ_ρ 与半径 ρ 成正比。

2. 物理方面

以 τ_ρ 代表横截面上半径为 ρ 处的剪应力,即 d 点处的剪应力,根据剪切胡克定律,在弹

性范围内,剪应力 τ_ρ 和剪应变 γ_ρ 呈线性关系,即有

$$\tau_\rho = G\gamma_\rho$$

将式(9-4)代入上式,得

$$\tau_\rho = G\rho \frac{\mathrm{d}\varphi}{\mathrm{d}x} \tag{9-5}$$

上式表明:扭转剪应力 τ_ρ 与半径 ρ 成正比,即剪应力沿半径线性分布。楔形体上的剪应力分布如图 9-14 所示。

　　结论:圆轴扭转时横截面上的扭转剪应力 τ_ρ 垂直于半径,并与半径 ρ 成正比。横截面中心处的剪应力为零,外表面上剪应力最大,在半径为 ρ 的各点处剪应力大小相等。

　　实心圆截面轴和空心圆截面轴横截面上的扭转剪应力的分布情况分别如图 9-15(a)、图 9-15(b)所示。

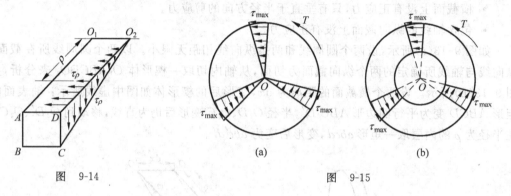

图　9-14　　　　　　　　　　　　　　　　　图　9-15

3. 静力学方面

　　以上研究了剪应力的变化规律,但由于 $\dfrac{\mathrm{d}\varphi}{\mathrm{d}x}$ 的公式未知,所以还不能确定剪应力的大小。为此,需要利用扭矩 T 和剪应力之间的静力学关系。

　　如图 9-16 所示,在距圆心为 ρ 处取微面积 $\mathrm{d}A$,作用在 $\mathrm{d}A$ 上的内力为 $\tau_\rho \mathrm{d}A$,垂直于半径方向,该内力对圆心的矩为 $\rho\tau_\rho \mathrm{d}A$。在整个横截面上,所有微面积上的内力对圆心的矩之和应等于截面的扭矩,即

$$T = \int_A \rho\tau_\rho \mathrm{d}A \tag{9-6}$$

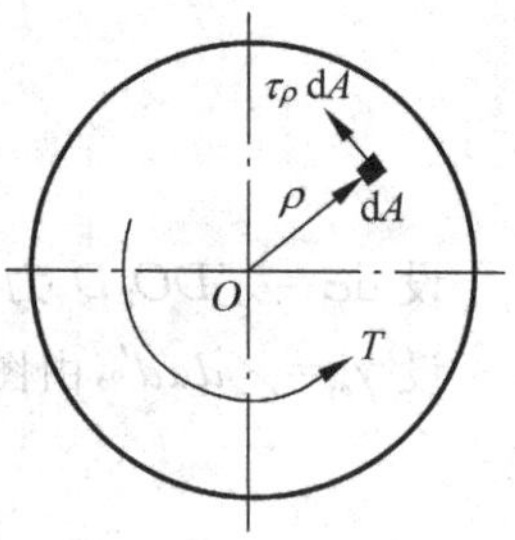

图　9-16

将式(9-5)代入上式,并注意到在给定的截面上,$\dfrac{\mathrm{d}\varphi}{\mathrm{d}x}$ 是常量,有

$$T = \int_A G\rho^2 \frac{\mathrm{d}\varphi}{\mathrm{d}x}\mathrm{d}A = G\frac{\mathrm{d}\varphi}{\mathrm{d}x}\int_A \rho^2 \mathrm{d}A \tag{9-7}$$

式中,积分 $\displaystyle\int_A \rho^2 \mathrm{d}A$ 仅与横截面的尺寸有关,称为**横截面的极惯性矩**,用 I_p 表示,即

$$I_\mathrm{p} = \int_A \rho^2 \mathrm{d}A \tag{9-8}$$

式(9-7)可写为

$$T = GI_p \frac{\mathrm{d}\varphi}{\mathrm{d}x}$$

即

$$\frac{\mathrm{d}\varphi}{\mathrm{d}x} = \frac{T}{GI_p} \tag{9-9}$$

公式(9-9)称为**圆轴扭转变形的基本公式**。

在求得 $\frac{\mathrm{d}\varphi}{\mathrm{d}x}$ 的表达式后,即可得扭转剪应力的基本公式为

$$\tau_\rho = \frac{T}{I_p} \rho \tag{9-10}$$

由以上公式,可求得横截面上任意一点的扭转剪应力。

而在 $\rho = R$ 处,即圆截面的边缘上,有最大剪应力

$$\tau_{\max} = \frac{TR}{I_p}$$

引用记号

$$W_t = \frac{I_p}{R}$$

显然,W_t 也只与横截面的尺寸有关,称为**抗扭截面系数**。则

$$\tau_{\max} = \frac{T}{W_t} \tag{9-11}$$

说明:

- 上述公式是以平面假设为基础导出的。而试验表明,平面假设只适用于等截面圆轴,所以上述公式只适用于等截面圆轴。对圆截面沿轴线变化缓慢的小锥度锥形杆,也可近似地应用这些公式。
- 推导公式中应用了胡克定律,因而公式只适用于最大扭转剪应力 $\tau_{\max}$ 小于剪切比例极限的情况。

9.4.2 极惯性矩与抗扭截面系数

1. 实心圆截面轴

如图 9-17(a)所示直径为 D 的圆截面,以宽为 $\mathrm{d}\rho$ 的环形区域为微面积,即取

$$\mathrm{d}A = 2\pi\rho\mathrm{d}\rho$$

根据式(9-7),圆截面的极惯性矩为

$$I_p = \int_A \rho^2 \mathrm{d}A = \int_0^{D/2} \rho^2 \cdot 2\pi\rho\mathrm{d}\rho = \frac{\pi D^4}{32} \tag{9-12}$$

则抗扭截面系数

$$W_t = \frac{I_p}{\dfrac{D}{2}} = \frac{\pi D^3}{16} \tag{9-13}$$

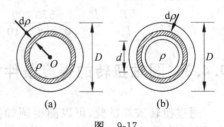

图 9-17

2. 空心圆截面

对于外径为 D、内径为 d 的空心圆截面,如图 9-17(b),按相同的计算方法,得极惯性矩为

$$I_p = \int_{d/2}^{D/2} \rho^2 \cdot 2\pi\rho d\rho = \frac{\pi}{32}(D^4 - d^4) \tag{9-14}$$

或

$$I_p = \frac{\pi D^4}{32}(1 - \alpha^4)$$

式中,$\alpha = d/D$,代表空心圆截面内、外径的比值。由此,得空心圆截面的抗扭截面系数

$$W_t = \frac{\pi D^3}{16}(1 - \alpha^4) \tag{9-15}$$

例 9-4　发电量为 15 000 kW 的水轮机如图 9-18 所示,电机轴为空心轴,外径 $D = 550$ mm,内径 $d = 300$ mm,正常转速 $n = 250$ r/min。试计算轴内的最大、最小扭转剪应力。

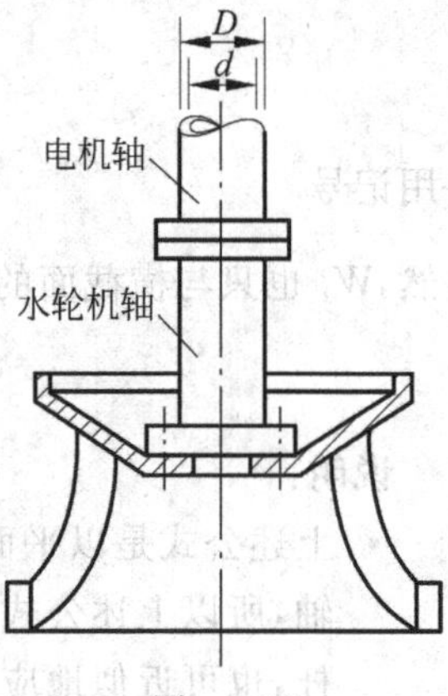

解:(1) 求外力偶矩

水轮机轴传递的功率为 15 000 kW,则水轮机轴所受的外力偶矩为

$$m = 9549 \times \frac{15\,000}{250} \text{ N} \cdot \text{m} = 573\,000 \text{ N} \cdot \text{m}$$

(2) 用截面法求扭矩

水轮机主轴任意横截面上的扭矩为

$$T = m = 573\,000 \text{ N} \cdot \text{m}$$

(3) 求最大、最小扭转剪应力

空心圆截面的极惯性矩和抗扭截面系数分别为

$$I_p = \frac{\pi D^4}{32}(1 - \alpha^4) = \frac{\pi \times 0.55^4}{32}\left[1 - \left(\frac{300}{550}\right)^4\right] = 0.818 \times 10^{-2} \text{ m}^4$$

$$W_t = \frac{I_p}{\dfrac{D}{2}} = \frac{0.818 \times 10^{-2}}{\dfrac{0.55}{2}} = 0.03 \text{ m}^3$$

所以水轮机主轴的最大扭转剪应力为

$$\tau_{max} = \frac{T}{W_t} = \frac{573\,000}{0.03} = 19.2 \times 10^6 \text{ N} \cdot \text{m} = 19.2 \text{ MPa}$$

最小扭转剪应力为

$$\tau_{min} = \frac{T}{I_p} \cdot \frac{d}{2} = \frac{573\,000}{0.818 \times 10^{-2}} \times \frac{0.3}{2} = 10.5 \times 10^6 \text{ N} \cdot \text{m} = 10.5 \text{ MPa}$$

图 9-18

9.4.3　圆轴扭转的强度条件

通过扭转破坏试验,可以测得圆轴扭转破坏时的最大剪应力,我们称之为扭转极限应力,用 τ^0 来表示,将极限应力 τ^0 除以安全系数 n,得材料的许用剪应力,即有

$$[\tau] = \frac{\tau^0}{n} \tag{9-16}$$

为了保证圆截面轴在工作时不致因强度不足而破坏,要求整个轴的最大扭转剪应力不得超过材料的许用剪应力,即要满足

$$\tau_{\max} = \left(\frac{T}{W_t}\right)_{\max} \leqslant [\tau] \tag{9-17}$$

此为圆截面轴的**扭转强度条件**。

例 9-5 (1)设上例中水轮机主轴所用材料的许用剪应力为$[\tau]=50\ \text{MPa}$,试校核水轮机主轴的强度。(2)如果将水轮机主轴改为实心轴,要求它与原来的空心轴强度相同,试确定其直径。(3)比较实心轴和空心轴的重量。

解:(1)上例中已求出整个轴的最大扭转剪应力,且有

$$\tau_{\max} = 19.2\ \text{MPa} < [\tau] = 50\ \text{MPa}$$

所以,轴的强度足够。

(2)设实心轴的直径为d_1,所谓与空心轴有相同的强度,就是与空心轴有相同的最大扭转剪应力,即要求实心轴的最大扭转剪应力为

$$\tau_{\max} = 19.2\ \text{MPa}$$

即

$$\tau_{\max} = \frac{T}{W_t} = \frac{T}{\dfrac{\pi d_1^3}{16}} = 19.2\ \text{MPa}$$

所以

$$d_1 = \sqrt[3]{\frac{16T}{19.2 \times 10^6 \times \pi}} = \sqrt[3]{\frac{16 \times 573\,000}{19.2 \times 10^6 \times 3.14}} = 0.533\ \text{m} = 533\ \text{mm}$$

(3)重量比较

在两轴长度相等,材料相同的条件下,两轴的重量之比等于横截面面积之比。实心轴的横截面面积为

$$A_1 = \frac{\pi d_1^2}{4}\frac{3.14 \times 0.533^2}{4} = 0.223\ \text{m}^2$$

空心轴的横截面面积为

$$A = \frac{\pi}{4}(D^2 - d^2) = \frac{3.14}{4}(0.55^2 - 0.3^2) = 0.167\ \text{m}^2$$

所以两轴的重量之比,也是面积之比

$$\frac{A}{A_1} = \frac{0.167}{0.223} = 0.75$$

由此可见,在载荷相同的情况下,空心轴的重量只是实心轴的75%,即采用空心轴可以节约25%的材料。

例 9-6 如图 9-19(a)所示传动轴的转速为$n=500\ \text{r/min}$,主动轮 A 输入功率$N_1=368\ \text{kW}$,从动轮 B、C 分别输出功率 $N_2=147\ \text{kW}$,$N_3=221\ \text{kW}$,已知$[\tau]=70\ \text{MPa}$。

(1)试设计轴的直径;

(2)主动轮和从动轮应如何安排才比较合理?

解:(1)试设计轴的直径

(a)计算外力偶矩。

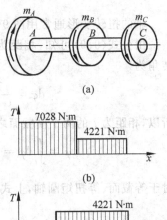

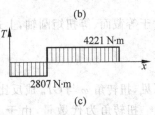

图 9-19

$$m_1 = 9549 \frac{N_1}{n} = 9549 \times \frac{368}{500} = 7028 \text{ N} \cdot \text{m}$$

$$m_2 = 9549 \frac{N_2}{n} = 9549 \times \frac{147}{500} = 2807 \text{ N} \cdot \text{m}$$

根据平衡条件,可得

$$m_3 = m_1 - m_2 = 7028 - 2807 = 4221 \text{ N} \cdot \text{m}$$

(b) 求各截面上的扭矩并作扭矩图,如图 9-19(b) 所示。

(c) 根据强度条件设计轴的直径。

可以看出,AB 段有最大扭矩

$$T_{max} = 7028 \text{ N} \cdot \text{m}$$

所以整个轴的最大剪应力在 AB 段的外表面上。设轴的直径为 d,应满足强度条件

$$\tau_{max} = \left(\frac{T}{W_t}\right)_{max} = \frac{T_{max}}{\frac{\pi d^3}{16}} = \frac{16 T_{max}}{\pi d^3} \leqslant [\tau]$$

即

$$d \geqslant \sqrt[3]{\frac{16 T_{max}}{\pi[\tau]}} = \sqrt[3]{\frac{16 \times 7028}{3.14 \times 70 \times 10^6}} = 0.08 \text{ m} = 80 \text{ mm}$$

(2) 主动轮放在两个从动轮之间比较合理,因为这样可以减小轴的最大扭矩 T_{max},主动轮放在中间时轴的扭矩图如图 9-19(c) 所示。

9.5 圆轴扭转时的变形和刚度条件

9.5.1 圆轴扭转时的变形

轴的扭转变形通常用图 9-20 所示两个横截面间的相对转角 φ 来度量,称之为**扭转角**。

由公式(9-9)可知,相距为 dx 的两个横截面间的扭转角为

$$d\varphi = \frac{T}{GI_p} dx$$

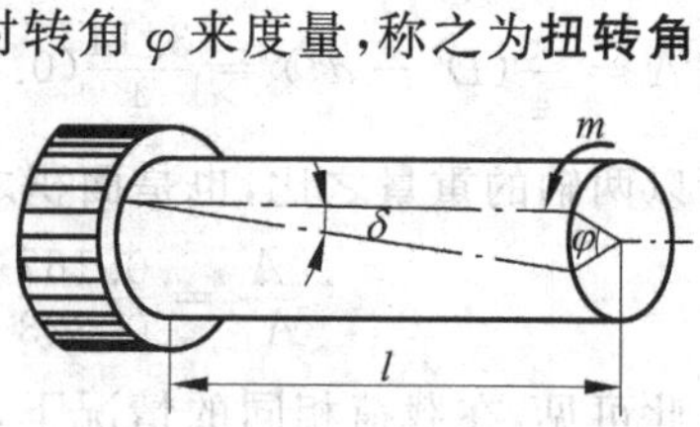

所以,相距为 l 的两个横截面之间的扭转角为

$$\varphi = \int_l d\varphi = \int_l \frac{T}{GI_p} dx \tag{9-18}$$

对于等截面、等扭矩圆轴,上式中 $\frac{T}{GI_p}$ 为常数,则式(9-18)变为

$$\varphi = \frac{Tl}{GI_p} \tag{9-19}$$

图 9-20

可见,扭转角 φ 与 GI_p 成反比,GI_p 越大,扭转角 φ 就越小。称 GI_p 为圆轴**抗扭刚度**。

扭转角为代数量,由于 l、G、I_p 均为正值,所以扭转角的正负号与扭矩 T 的正负号一致。

9.5.2　圆轴扭转的刚度条件

对于受扭转的圆轴,除了满足强度条件,还要对变形有一定的限制,即要满足刚度条件,否则会影响轴的正常工作。如齿轮传动轴,如果轴的扭转变形过大,会影响两个齿轮之间的啮合精度,引起振动、冲击、噪声等一系列问题,影响整个设备的正常工作。

在工程实际中,通常是限制轴的单位长度扭转角不能超过某一规定的允许值$[\theta]$。由式(9-9)知,单位长度扭转角即扭转角沿轴线的变化率为

$$\frac{\mathrm{d}\varphi}{\mathrm{d}x} = \frac{T}{GI_\mathrm{p}}$$

所以圆轴扭转的刚度条件为

$$\left(\frac{\mathrm{d}\varphi}{\mathrm{d}x}\right)_{\max} = \left(\frac{T}{GI_\mathrm{p}}\right)_{\max} \leqslant [\theta] \tag{9-20}$$

对于等截面圆轴,GI_p为常数,刚度条件为

$$\left(\frac{\mathrm{d}\varphi}{\mathrm{d}x}\right)_{\max} = \frac{T_{\max}}{GI_\mathrm{p}} \leqslant [\theta]$$

工程中,习惯把(°)/m 作为$[\theta]$的单位,而$\dfrac{\mathrm{d}\varphi}{\mathrm{d}x}$的单位为(°)/m。这样,统一把弧度换算成度,上式改写为

$$\left(\frac{\mathrm{d}\varphi}{\mathrm{d}x}\right)_{\max} = \frac{T_{\max}}{GI_\mathrm{p}} \times \frac{180}{\pi} \leqslant [\theta] \tag{9-21}$$

许用单位扭转角$[\theta]$的值是根据载荷性质和生产上的要求规定的,各种轴类零件的$[\theta]$值可从有关规范和手册中查到。

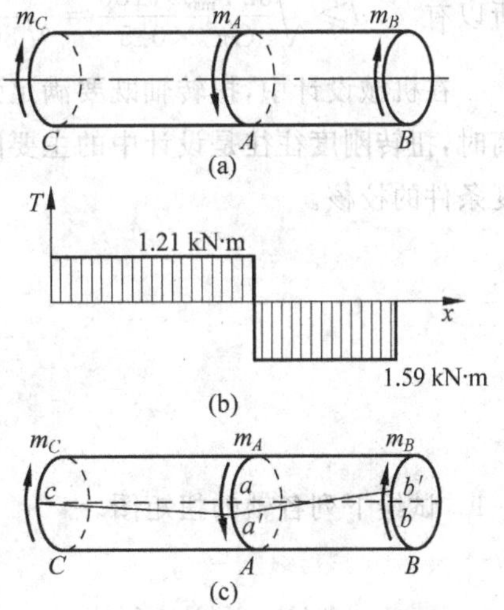

例 9-7　如图 9-21(a)所示等截面圆轴,已知$m_A = 2.8$ kN·m,$m_B = 1.59$ kN·m,$m_C = 1.21$ kN·m,且 $AB = AC = l = 2$ m,$G = 80 \times 10^9$ N/m²,轴的直径 $d = 60$ mm,$[\theta] = 0.5°$/m。试计算截面 B、C 之间的相对扭转角,并校核轴的刚度。

图　9-21

解:(1) 求扭转角

首先画出轴的扭矩图如图 9-21(b)所示。

可以看出,整个轴可以分为等截面、等扭矩的两段,先分别计算每一段的扭转角。

CA 段: $T_1 = 1.21$ kN·m

$$I_\mathrm{p} = \frac{\pi d^4}{32} = \frac{3.14 \times 0.06^4}{32} = 1.27 \times 10^{-6} \text{ m}^4$$

$$\varphi_{CA} = \frac{T_1 l}{GI_\mathrm{p}} = \frac{1210 \times 2}{80 \times 10^9 \times 1.27 \times 10^{-6}} = 0.024 \text{ rad} = 1.36°$$

AB 段: $T_2 = -1.59$ kN·m

$$\varphi_{AB} = \frac{T_2 l}{GI_\mathrm{p}} = \frac{-1590 \times 2}{80 \times 10^9 \times 1.27 \times 10^{-6}} = -0.031 \text{ rad} = -1.79°$$

公式中的正负号表示 A 截面相对于 C 截面、B 截面相对于 A 截面有不同的转向,如图 9-21(c)所示。

整个轴的扭转角等于各段扭转角的代数和,即

$$\varphi_{CB} = \varphi_{CA} + \varphi_{AB} = 1.36° + (-1.79°) = -0.43°$$

(2) 刚度校核

由扭矩图可以看出,AB 段有最大扭矩,所以以单位长度的扭转角也最大,其值为

$$\left(\frac{\mathrm{d}\varphi}{\mathrm{d}x}\right)_{\max} = \frac{T_{\max}}{GI_p} \times \frac{180}{\pi} = \frac{1.59 \times 10^3 \times 180}{80 \times 10^9 \times 1.27 \times 10^{-6} \times 3.14}$$

$$= 0.897°/\text{m} > [\theta] = 0.5°/\text{m}$$

可见,该轴不满足刚度条件。

欲使该轴满足刚度条件,需要按刚度条件重新设计轴的直径。

设满足刚度条件的轴的直径为 d,则

$$\frac{T_{\max}}{GI_p} \times \frac{180}{\pi} \leqslant [\theta]$$

$$\frac{T_{\max}}{G \times \frac{\pi d^4}{32}} \times \frac{180}{\pi} \leqslant 0.5°/\text{m}$$

所以有 $$d \geqslant \sqrt[4]{\frac{32 T_{\max} \times 180}{G\pi^2 \times 0.5}} = \sqrt[4]{\frac{32 \times 1590 \times 180}{80 \times 10^9 \times 3.14^2 \times 0.5}} = 0.0694\ \text{m} = 69.4\ \text{mm}$$

在机械设计中,扭转轴既要满足强度条件,又要满足刚度条件,当轴的传动精度要求较高时,扭转刚度往往是设计中的主要因素,因此首先根据刚度条件设计轴的直径,再进行强度条件的校核。

习　题

9-1　试绘下列各轴的扭矩图。

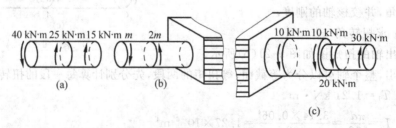

题 9-1 图

9-2　T 为圆轴横截面上的扭矩,试画出与 T 对应的截面剪应力分布图。

9-3　直径 $D = 50\ \text{mm}$ 的圆轴,受到扭矩 $T = 2.15\ \text{kN} \cdot \text{m}$ 的作用。试求:(1)A 点处的剪应力;(2)轴的最大扭转剪应力。

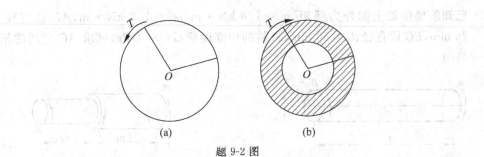

题 9-2 图

9-4　空心圆轴的外径为 $D=100$ mm，内径 $d=50$ mm，长 $l=1$ m，所受外力偶矩 $m=12$ kN·m，轴所用材料的切变模量为 $G=80\times10^9$ N/m²，求（1）图示 1-1 截面上 A、B、C 三点的剪应力的大小，并在图上标出各点剪应力的方向；（2）求轴的最大剪应力 τ_{max} 和最小剪应力 τ_{min}。

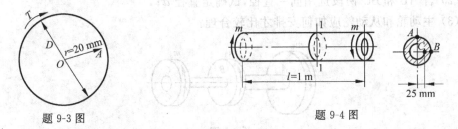

题 9-3 图　　　　　　　　　　　题 9-4 图

9-5　机床变速箱第 Ⅱ 轴如图所示，轴所传递的功率为 $N=5$ kW，转速 $n=200$ r/min，材料为 45 钢，$[\tau]=40$ MPa，试按强度条件设计轴的直径。

9-6　如图所示为板式桨叶的搅拌器，已知由 A 输入到搅拌轴的功率是 15.3 kW，搅拌轴的转速是 60 r/min，在 B、C 截面的上、下层搅拌桨叶所受的阻力不同（在图中未画上层桨叶），所消耗的功率分别占搅拌轴传递功率的 35% 和 65%，轴为外径 $D=115$ mm、壁厚 $t=10$ mm 的不锈钢管，材料的许用剪应力是 $[\tau]=30\times10^6$ N/m²，试校核轴的强度。

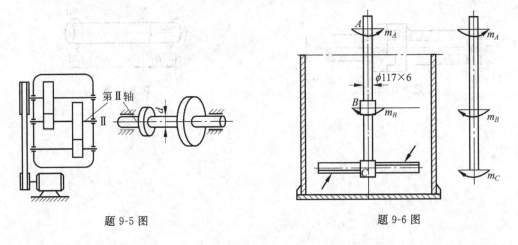

题 9-5 图　　　　　　　　　　　题 9-6 图

9-7　图示圆轴，直径 $D=50$ mm，外力偶矩 $m=1$ kN·m，长度 $l=1$ m，材料的切变模量 $G=82$ GPa，求（1）轴单位长度的扭转角；（2）A、B 两个截面的相对扭转角。

9-8　已知阶梯形轴上的外力偶矩 $m_1=1.8$ kN·m，$m_2=1.2$ kN·m，AB 段直径 $d_1=$
75 mm，BC 段直径 $d_2=50$ mm，材料的切变模量 $G=80$ GPa，试求 AC 之间的相对扭
转角。

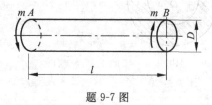

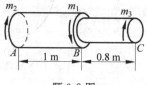

題 9-7 图　　　　　　　　　　　　　　　　題 9-8 图

9-9　传动轴的转速为 $n=500$ r/min，主动轮 1 输入功率 $N_1=300$ kW，从动轮 2、3 分别输出
功率 $N_2=140$ kW，$N_3=160$ kW。已知 $[\tau]=70$ MPa，$[\theta]=1°/$m，$G=80$ Gpa。

（1）试确定 AB 段的直径 d_1 和 BC 段的直径 d_2；

（2）若 AB 和 BC 两段选用同一直径，试确定直径 d；

（3）主动轮和从动轮应如何安排才比较合理？

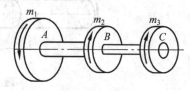

題 9-9 图

9-10　实心轴和空心轴通过牙嵌式离合器而连接，如图所示。已知轴的转速 $n=100$ r/min，
传递的功率 $P=100$ kW，许用剪应力 $[\tau]=20$ MPa。试选择实心轴的直径 d_1 和内外
径比值为 1/2 的空心轴的外径 D_2。

9-11　图示钢轴，已知 $m_A=0.8$ kN·m，$m_B=1.2$ kN·m，$m_C=0.4$ kN·m；$l_1=0.3$ m，$l_2=$
0.7 m；$[\tau]=50$ MPa，$\theta=0.25°/$m。试求轴的直径。

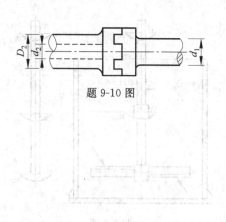

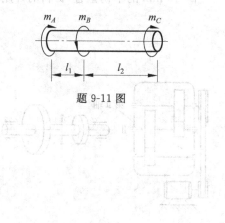

題 9-10 图　　　　　　　　　　　　　　題 9-11 图

第10章 弯曲内力

10.1 弯曲的概念和实例

10.1.1 引例

工厂车间的行车大梁承受自重和它所起吊重物的重力作用,如图 10-1 所示;高大的塔器受到水平方向风载荷的作用,如图 10-2 所示;造纸机上的压榨辊受到轧制压力的作用,如图 10-3 所示;摇臂钻床上的摇臂受到工件反力的作用,如图 10-4 所示。它们所产生的变形有一个共同的特点:轴线由直线变成曲线。

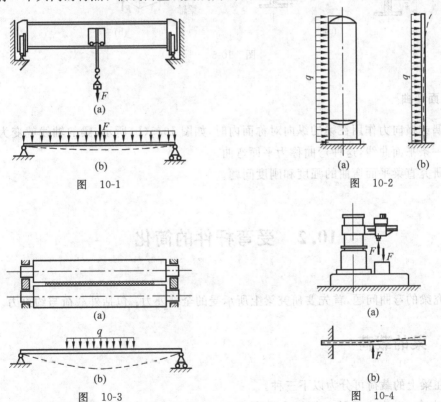

图 10-1   图 10-2

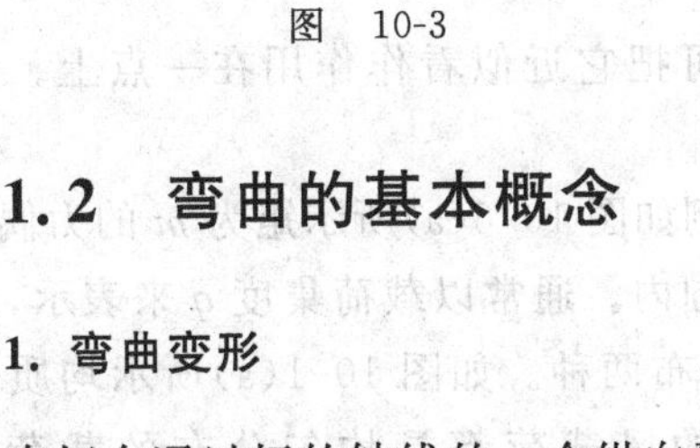

图 10-3   图 10-4

10.1.2 弯曲的基本概念

1. 弯曲变形

直杆在通过杆的轴线的一个纵向平面内,受到力偶或横向力的作用,杆的轴线由直线变成一条曲线,杆的这种变形称为弯曲变形。

2. 梁

凡是在外力作用下产生弯曲变形或以弯曲变形为主要变形的杆件,通常称为梁。

3. 纵向对称面

梁的横截面一般都有一根或几根对称轴,如图 10-5(a)所示。由横截面的对称轴和梁的轴线组成的平面,称为纵向对称面。

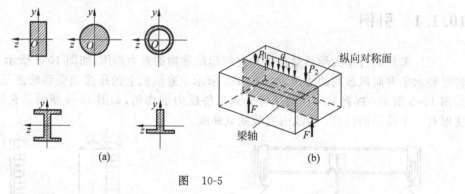

(a)   (b)

图　10-5

4. 平面弯曲

当力偶或横向力作用在梁的纵向对称面内时,如图 10-5(b)所示,梁的轴线就变为在该平面内的一条平面曲线,这种弯曲称为平面弯曲。

本章研究直梁平面弯曲的强度和刚度问题。

10.2　受弯杆件的简化

要研究梁的弯曲问题,首先要研究梁上所承受的全部外力：包括外载荷与约束力。

10.2.1　梁的载荷

作用在梁上的载荷可分为以下三种。

- 集中力：分布在梁的一块极小面积上,一般可把它近似看作作用在一点上。例如图 10-6(a)所示的力 F。
- 集中力偶：分布在很短的一段梁上的力偶。例如图 10-6(a)所示矩为 m 的力偶。
- 分布载荷：沿着梁的轴线分布在较长一段范围内。通常以载荷集度 q 来表示,其单位为 N/m。分布载荷有均匀分布和非均匀分布两种。如图 10-1(a)所示均质等截面梁的自重、如图 10-2(b)所示塔器所受的风载荷都是均匀分布的载荷;如

图 10-6(b)是线性变化的非均布载荷。

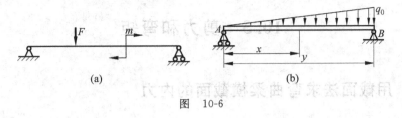

图　10-6

10.2.2　梁的几种力学模型

根据梁的支撑情况,一般可以把梁简化为以下三种力学模型。

1. 简支梁

一端为固定铰链支座,另一端为辊轴支座约束的梁称为简支梁。如图 10-1(a)所示的行车大梁,当一端的轮缘与轨道接触时,另一端的轮缘与钢轨之间就有一定的间隙,故梁可沿其轴向做微小的移动。这样,梁的两个支座,一个简化为固定铰链支座,另一个简化为辊轴支座约束,如图 10-1(b)所示。

2. 外伸梁

外伸梁的支撑和简支梁的完全一样,也有一个固定铰链支座和一个辊轴支座约束,所不同的是梁的一端或两端伸出在支座之外,故称为外伸梁。如图 10-7(b)所示。

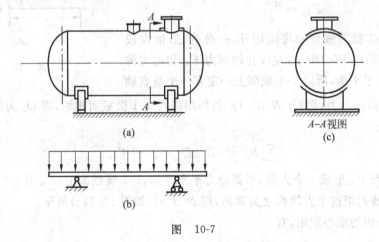

图　10-7

3. 悬臂梁

一端固支而另一端自由的梁称为悬臂梁。如图 10-2(a)所示的高大塔器,它的力学模型如图 10-2(b)所示。

以上三种梁的未知约束力只有三个,根据静力平衡条件均可以求出,所以都为静定梁。

10.3　剪力和弯矩

10.3.1　用截面法求弯曲梁横截面的内力

作用在梁上的外力确定后,现在研究梁的内力,所用的方法仍然是截面法。

例 10-1　一行车大梁,若不考虑自重,可简化为一个受集中力 F 作用的简支梁,如图 10-8(a)所示,求梁 1-1 横截面上的内力。

解:(1) 求约束力。

梁受力如图 10-8(b)所示,列平衡方程

$$\sum F_x = 0, \quad F_{Ax} = 0$$

$$\sum M_B = 0, \quad -F_{Ay}l + Fb = 0$$

$$\sum M_A = 0, \quad F_{By}l - Fa = 0$$

得

$$F_{Ax} = 0$$

$$F_{Ay} = \frac{Fb}{l}$$

$$F_{By} = \frac{Fa}{l}$$

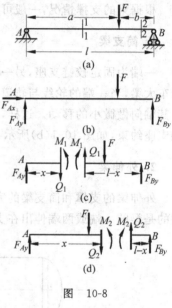

图　10-8

(2) 用 1-1 截面假想地将梁切开,一分为二,取左段进行研究,如图 10-8(c)所示,左段在约束力 F_{Ay} 和内力的共同作用下处于平衡,所以 1-1 截面上一定有一个垂直轴线的与 F_{Ay} 平衡的内力,用 Q_1 表示。Q_1 的作用线与 1-1 横截面相切,即 Q_1 为剪力。

根据平衡

$$\sum F_y = 0, \quad 得 \quad Q_1 = F_{Ay}$$

由于 Q_1 与 F_{Ay} 形成一个力偶,根据静力平衡可知,1-1 横截面上一定有一个与此力偶平衡的反力偶,我们把这个力偶称之为**弯矩**,用 M 表示,如图 10-8(c)所示。

对 1-1 截面的形心取矩,有

$$\sum M = 0, \quad M_1 - F_{Ay}x = 0$$

$$M_1 = F_{Ay}x = \frac{Fb}{l}x$$

总结:弯曲梁横截面上的内力有两个——剪力和弯矩。剪力等于作用在该横截面左边或右边梁上所有横向外力的代数和;弯矩等于作用在该横截面左边或右边梁上的所有外力(包括力偶)对该横截面形心之矩的代数和。运用以上规则,可直接按照作用在横截面任意一边梁上的外力,来计算该横截面上的剪力和弯矩。

10.3.2 剪力和弯矩的符号

在例 10-1 中，如果取右段为研究对象，可得到同样数值的剪力和弯矩，只是对应内力的方向正好相反。

由此可见，由于作用和反作用力的关系，梁在同一横截面上左右两侧的剪力和弯矩，在数值上各自相等，但方向相反，如图 10-8(c)、图 10-8(d) 所示。为了使同一横截面上的剪力和弯矩具有相同的符号，从梁中截出一微段，根据其变形情况做如下规定。

- 剪力符号规定：绕研究对象顺时针转动为正，如图 10-9(a)，反之为负，如图 10-9(b)。
- 弯矩符号规定：使梁产生下凹变形的为正弯矩，如图 10-10(a) 所示，使梁产生上凸变形的为负弯矩，如图 10-10(b) 所示。

图 10-9　　　　　　　　　　　　　图 10-10

据此，图 10-8(c) 中，横截面 1-1 上的剪力和弯矩均为正值。

例 10-2 求图 10-8 所示 2-2 横截面上的内力。

解：(1) 求约束力，见例 10-1。

(2) 用 2-2 截面假想地将梁切开，一分为二，取右段（受力比较简单的部分）进行研究，并采用设正法，即假定横截面上的剪力 Q_2 和弯矩 M_2 都是正的，如图 10-8(d) 所示。

由 $\sum F_y = 0$ 得

$$Q_2 + F_{By} = 0$$
$$Q_2 = -F_{By} = -\frac{Fa}{l} \quad (a < x < l)$$

由 $\sum M_O = 0$（O 为截面形心）得

$$-M_2 + F_{By}(l-x) = 0$$
$$M_2 = F_{By}(l-x) = \frac{Fa}{l}(l-x) \quad (a \leqslant x \leqslant l)$$

Q_2 的结果为负，表明 Q_2 的实际方向与假设相反，剪力为负值。

10.4 剪力方程和弯矩方程、剪力图和弯矩图

梁横截面上的剪力和弯矩，一般随横截面的位置而变化。剪力和弯矩，都可表示为位置坐标 x 的函数，即

$$Q = f_1(x)$$
$$M = f_2(x)$$

此二式分别称为**剪力方程**和**弯矩方程**。

为了全面了解剪力和弯矩沿着梁轴线的变化情况,可根据剪力方程和弯矩方程用曲线把它们表示出来。x 坐标表示横截面位置,剪力 Q 值或弯矩 M 值为纵坐标,所得的图形,分别称为**剪力图**和**弯矩图**。

根据剪力图和弯矩图,很容易找出梁内最大剪力和最大弯矩(包括最大正弯矩和最大负弯矩)所在的横截面及数值,得到了这些数值之后,可以进行梁的强度分析。

例 10-3　以 10.3 节所述的行车大梁为例,如图 10-11(a)所示,作剪力图和弯矩图。

解:(1)剪力图

AC 段的剪力方程为

$$Q(x) = \frac{Fb}{l} \quad (0 < x < a)$$

Q 是一正的常数,所以剪力图是一在坐标轴上方的水平直线。

CB 段的剪力方程为

$$Q(x) = -\frac{Fa}{l} \quad (a < x < l)$$

Q 是一负的常数,所以剪力图是一在坐标轴下方的水平直线。整个梁的剪力图如图 10-11(b)所示。

(2)弯矩图

AC 段的弯矩方程为

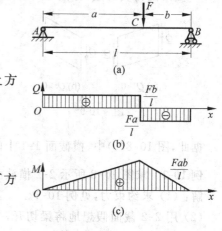

图 10-11

$$M(x) = \frac{Fb}{l}x \quad (0 \leqslant x \leqslant a)$$

为直线方程。在 $x = 0$ 处,$M = 0$;在 $x = a$ 处,$M = Fab/l$,由此画出 AC 段的弯矩图如图 10-11(c)所示。

CB 段的弯矩方程为

$$M(x) = \frac{Fa}{l}(l - x) \quad (a \leqslant x \leqslant l)$$

也是一直线方程。在 $x = a$ 处,$M = Fab/l$;在 $x =$ 处,$M = 0$,由此画出 CB 段的弯矩图。

整个梁的弯矩图如图 10-11(c)所示。梁的最大弯矩发生在集中力 F 所作用的横截面上,其值为

$$M_{\max} = \frac{Fab}{l}$$

例 10-4　如图 10-12(a)所示承受均布载荷的简支梁,已知均布载荷的集度为 q,梁长为 l,试绘梁的剪力图和弯矩图。

解:(1)求约束力

梁受力如图 10-12(b)所示,由于结构及载荷对称,可求约束反力为

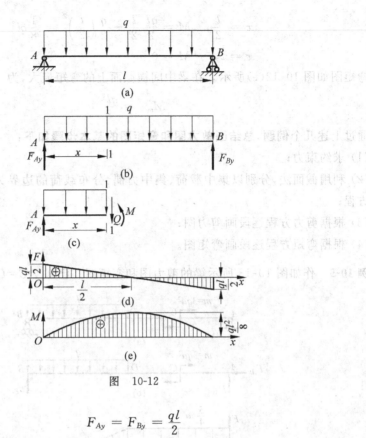

图 10-12

$$F_{Ay} = F_{By} = \frac{ql}{2}$$

（2）写剪力方程和弯矩方程

如图 10-12（b）所示，任取横截面 1-1，用截面法求 1-1 截面上的剪力和弯矩。如图 10-12（c）所示，取左段进行研究

由 $\sum F_y = 0$ 得

$$Q = F_{Ay} - qx = \frac{ql}{2} - qx \quad (0 < x < l) \qquad 即剪力方程$$

由 $\sum M_O = 0$（O 为截面形心）得

$$M(x) = F_{Ay}x - qx\frac{x}{2} = \frac{ql}{2}x - \frac{qx^2}{2} \quad (0 \leqslant x \leqslant l) \quad 即弯矩方程$$

（3）画剪力图和弯矩图

由剪力方程可知，剪力图为一斜直线，在 $x = 0$ 处，$Q = ql/2$；在 $x = l$ 处，$Q = -ql/2$，剪力图如图 10-12（d）所示。由图可知，在靠近梁支座的横截面上，有最大剪力，而梁中间横截面上的剪力为零。且有

$$Q_{max} = \frac{ql}{2}$$

由弯矩方程可知，弯矩图是一抛物曲线，为此求出三个点的弯矩值，分别是

$$x = 0, \quad M = 0$$

$$x = \frac{l}{2}, \quad M = \frac{ql}{2} \cdot \frac{l}{2} - \frac{q}{2}\left(\frac{l}{2}\right)^2 = \frac{1}{8}ql^2$$

$$x = l, \quad M = 0$$

梁的弯矩图如图 10-12(e)所示。在梁中间横截面上的弯矩最大,为

$$M_{max} = \frac{ql^2}{8}$$

通过上述几个例题,**总结画剪力图和弯矩图的基本步骤如下:**

(1) 求约束力;

(2) 利用截面法,分别以集中载荷、集中力偶、分布载荷的边界为界分段写剪力方程和弯矩方程;

(3) 根据剪力方程逐段画剪力图;

(4) 根据弯矩方程逐段画弯矩图。

例 10-5 作如图 10-13 所示梁的剪力图和弯矩图。已知 $AC=CD=a, DB=2a$。

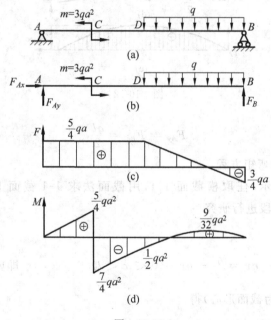

图 10-13

解:(1) 求约束力

$$\sum F_x = 0, \quad F_{Ax} = 0$$

$$\sum F_y = 0, \quad F_{Ay} + F_B = 2qa$$

$$\sum M_A = 0, \quad m + F_B \cdot 4a = q \cdot 2a \cdot 3a$$

解得

$$F_B = \frac{6qa^2 - 3qa^2}{4a} = \frac{3}{4}qa$$

$$F_{Ay} = 2qa - \frac{3}{4}qa = \frac{5}{4}qa$$

（2）分三段写剪力方程和弯矩方程

AC 段：　$Q(x) = F_{Ay} = \dfrac{5}{4}qa$，　$0 < x \leqslant a$

$$M(x) = F_{Ay} \cdot x = \dfrac{5}{4}qax，\quad 0 \leqslant x < a$$

CD 段：　$Q(x) = \dfrac{5}{4}qa$，　$a \leqslant x \leqslant 2a$

$$M(x) = \dfrac{5}{4}qax - 3qa^2，\quad a < x \leqslant 2a$$

DB 段：　$Q(x) = q(4a - x) - F_B = \dfrac{13}{4}qa - qx$，　$2a \leqslant x < 4a$

$$M(x) = F_B(4a - x) - \dfrac{1}{2}q(4a - x)^2 = -\dfrac{1}{2}qx^2 + \dfrac{13}{4}qax - 5qa^2，\quad 2a \leqslant x \leqslant 4a$$

（3）画剪力图

AC 段：剪力方程是常数，所以剪力是一水平线，大小为 $\dfrac{5}{4}qa$。

CD 段：剪力方程同 AC 段，剪力图也与 AC 段一样。

DB 段：剪力方程是线性的，剪力图是一斜直线。

$$x = 2a，\quad Q = \dfrac{5}{4}qa$$

$$x = 4a，\quad Q = \dfrac{3}{4}qa$$

连接二点的直线即该段的剪力图。

（4）画弯矩图

AC 段：弯矩方程是线性的，所以弯矩是一斜直线。

$$x = 0，\quad M = 0$$

$$x = a，\quad M = \dfrac{5}{4}qa^2$$

连接二点的直线为该段的弯矩图。

CD 段：弯矩方程是线性的，弯矩为一斜直线。

$$x = a，\quad M = -\dfrac{7}{4}qa^2$$

$$x = 2a，\quad M = -\dfrac{1}{2}qa^2$$

DB 段：弯矩方程是二次曲线，所以弯矩图是一抛物线，且该抛物线开口向下。

令 $\dfrac{\mathrm{d}M(x)}{\mathrm{d}x} = 0$，得 $x = \dfrac{13}{4}a$ 时，有最大弯矩 $M_{max} = \dfrac{9}{32}qa^2$，当

$$x = 2a，\quad M = \dfrac{1}{2}qa^2$$

$$x = 4a，\quad M = 0$$

根据上述三点作抛物线，如图 10-13(d)所示。

习　题

10-1　试列出图示各梁的剪力和弯矩方程，并作剪力图和弯矩图，求出 Q_{max} 和 M_{max}。

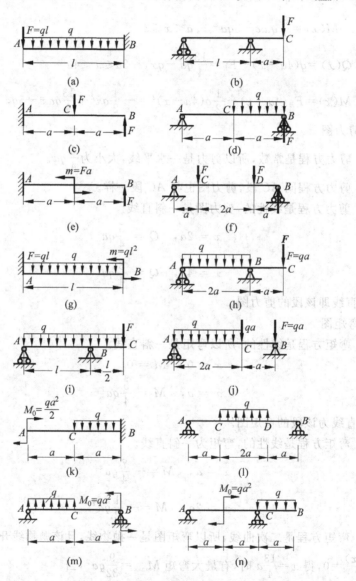

题 10-1 图

第11章 弯曲应力

一般情况下,梁的横截面上既有正应力,又有剪应力。而对细长直梁,弯曲正应力是控制应力,剪应力的影响很小,可以忽略,故本章只讨论弯曲正应力。梁的弯曲正应力是由弯矩引起的,推导梁的弯曲正应力公式,需要从变形的几何关系、物理关系和静力学三个方面来进行。

11.1 纯弯曲梁的正应力

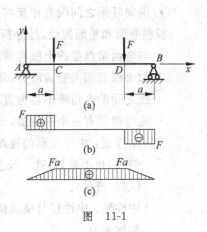

纯弯曲:梁内各横截面上的剪力为零、弯矩为常数的受力状态。

横力弯曲:弯曲梁横截面上既有剪力、又有弯矩的受力状态。

如图11-1(a)所示的简支梁,其剪力图如图11-1(b)所示,弯矩图如图11-1(c)所示。可以看出梁中间一段的剪力为零,而弯矩为常数,即为纯弯曲;AC 和 DB 段上既有剪力,又有弯矩,为横力弯曲。

图 11-1

11.1.1 变形的几何关系

1. 梁的变形特点

为了得到纯弯曲梁横截面上的正应力分布规律,先对梁的变形进行研究。

如图11-2(a)所示,取梁的纵向对称面为 xy 平面。梁上的外载荷就作用在这个平面内,梁的轴线在弯曲变形后也位于这个平面内。

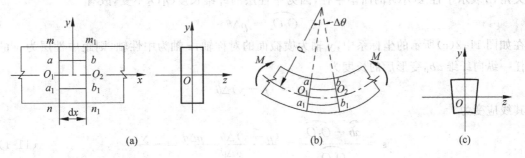

图 11-2

加载之前,先在梁的侧面,分别画上与梁轴线垂直的横线 mn、m_1n_1,与梁轴线平行的纵线 ab、a_1b_1,前二者代表梁的横截面;后二者代表梁的纵向纤维。如图 11-2(a)所示。

在梁的两端加一对力偶,梁处于纯弯曲状态,将产生如图 11-2(b)、图 11-2(c)所示的弯曲变形,可以观察到以下现象:

- 两条横线仍为直线,仍与纵线垂直,只是横线间作相对转动,由平行线变为相交线。
- 梁上纵线(包括轴线)都变成了圆弧线,近凹边的纵线缩短,近凸边的纵线伸长。
- 横截面的高度不变,而横截面的宽度在纵向纤维的缩短区有所增加,在纵向纤维的伸长区有所减少,如图 11-2(c)所示。

根据上述观察到的现象可作如下**两个假设**:

- 梁在纯弯曲时,各横截面始终保持为平面,并始终垂直于梁的轴线,这就是梁的平面假设。
- 纵向纤维之间没有相互挤压,每根纵向纤维只受到简单拉伸或压缩。

根据变形和平面假设,经分析得出如下**两个结论**:

- 纯弯曲梁横截面上没有剪应力,只有正应力。

  如果横截面上有剪应力,将产生剪切变形,即横截面之间的相互错动,横向线和纵向线之间的夹角将不再为直角。

- 纯弯曲梁有一个中性层,每个横截面有一个中性轴。

  - 中性层:由于变形的连续性,纵向纤维从伸长区到缩短区,必有一层纵向纤维既不伸长,也不缩短,这一长度不变的过渡层,称为中性层(在图 11-2(b)中用点划线 O_1O_2 表示)。
  - 中性轴:中性层与横截面的交线。根据梁受力和变形的对称性,中性轴一定与对称轴垂直。

2. 梁的变形规律

可以证明,纯弯曲梁变形后的轴线为一段圆弧。将图 11-2(b)中代表横截面的线段 aa_1 和 bb_1 延长,相交于 C 点,C 点就是梁轴弯曲后的曲率中心。若用 $\Delta\theta$ 表示这两个横截面的夹角,ρ 表示中性层 $\overparen{O_1O_2}$ 的曲率半径,因为中性层的纤维长度 $\overparen{O_1O_2}$ 不变,故有

$$\overparen{O_1O_2} = \rho\Delta\theta$$

在如图 11-2(c)所示的坐标系中,y 轴为横截面的对称轴,z 轴为中性轴,则距中性层为 y 的任一纵向纤维 ab,变形后的长度为

$$\overparen{ab} = (\rho - y)\Delta\theta$$

其线应变为

$$\varepsilon = \frac{\overparen{ab} - \overparen{O_1O_2}}{\overparen{O_1O_2}} = \frac{(\rho - y)\Delta\theta - \rho\Delta\theta}{\rho\Delta\theta} = -\frac{y}{\rho} \tag{11-1}$$

这就是横截面上各点的纵向线应变沿截面高度的变化规律。它说明梁内任一纵向纤维的线应变 ε 与该纤维到中性层的距离 y 成正比,与中性层的曲率半径 ρ 成反比。

11.1.2　变形的物理关系

梁纯弯曲时,我们设想纵向纤维只受到简单拉伸或压缩,在正应力没有超过材料的比例极限时,由胡克定律和式(11-1)得

$$\sigma = E\varepsilon = -E\frac{y}{\rho} \qquad (11\text{-}2)$$

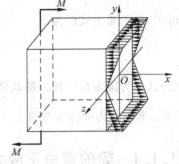

图　11-3

上式即为横截面上弯曲正应力的分布规律。它表明:梁纯弯曲时,横截面上任一点的正应力与该点到中性轴的距离成正比,距中性轴同一高度上各点的正应力相等。矩形截面梁横截面上正应力的分布规律如图 11-3 所示,显然在中性轴上各点的正应力为零,而在中性轴的一边是拉应力,另一边是压应力;横截面上、下边缘各点的正应力最大。

11.1.3　变形的静力学研究

由于中性轴的位置和曲率 $1/\rho$ 都不知道,所以根据公式(11-2)还不能计算出弯曲正应力,还需要进行静力学方面分析。

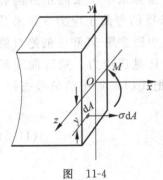

图　11-4

在梁的横截面上任取一微面积 dA,如图 11-4 所示,作用在微面积上的内力为 $\sigma \mathrm{d}A$,因为横截面上没有轴向内力,所以各微面积上的内力的合力为零,即有

$$F_{\mathrm{N}} = \int_A \sigma \mathrm{d}A = 0$$

将式(11-2)代入上式,得

$$-\frac{E}{\rho}\int_A y\mathrm{d}A = 0$$

因为 $E/\rho \neq 0$,所以一定有

$$\int_A y\mathrm{d}A = y_C A = 0$$

积分 $\int_A y\mathrm{d}A$ 称为整个横截面对中性轴 z 的静矩,单位为立方米(m^3)或立方毫米(mm^3)。y_C 为该截面的形心坐标。因 $A \neq 0$,则 $y_C = 0$,即中性轴 z 必通过横截面的形心。这样中性轴的位置就确定了。因为 y 轴是横截面的对称轴,显然也通过横截面的形心,可见在横截面上所选的坐标原点 O 就是横截面的形心。

纯弯曲梁横截面上的内力为一力偶,即弯矩。该弯矩就是横截面上所有微面积的内力

的合力,即有

$$-\int_A (\sigma dA)y = M$$

将式(11-2)代入上式,得

$$\frac{E}{\rho}\int_A y^2 dA = M$$

式中定积分 $\int_A y^2 dA$ 称为横截面对中性轴 z 的惯性矩,用 I_z 表示,其单位为米^4(m^4)或毫米^4 (mm^4)。于是上式即为

$$\frac{1}{\rho} = \frac{M}{EI_z} \tag{11-3}$$

该公式称为**梁弯曲变形的基本公式**。它说明梁轴曲线的曲率 $\frac{1}{\rho}$ 与弯矩 M 成正比,与 EI_z 成反比。EI_z 称为梁的抗弯刚度。

11.1.4　梁的弯曲正应力

1. 一般的弯曲正应力公式

将式(11-3)代入式(11-2),得

$$\sigma = -\frac{My}{I_z} \tag{11-4}$$

这就是**纯弯曲梁横截面上的正应力公式**。公式中的负号与坐标系中 y 轴的正方向有关。应用式(11-4)时,要将 M 和 y 按规定的正负号代入,求得的弯曲正应力 σ 如果是正号,即为拉应力,如果是负号,即为压应力。但在实际计算中通常用 M 和 y 的绝对值来计算 σ 的大小,再根据梁的变形情况,直接判断是拉应力还是压应力。梁弯曲变形后,凸边的应力为拉应力,凹边的应力为压应力。这样就可把式(11-4)中的负号去掉,改写为

$$\sigma = \frac{My}{I_z} \tag{11-5}$$

2. 最大弯曲正应力公式

从式(11-5)可知,梁横截面最外边缘处的弯曲正应力最大。最大弯曲正应力的求解可以分为以下几种情况:

- 如果横截面对称于中性轴。例如矩形,以 y_{max} 表示最外缘处到中性轴的距离,则横截面上的最大弯曲正应力为

$$\sigma_{max} = \frac{My_{max}}{I_z}$$

令

$$W_z = \frac{I_z}{y_{max}} \tag{11-6}$$

则
$$\sigma_{\max} = \frac{M}{W_z} \qquad (11-7)$$

式中 W_z 称为横截面对中性轴 z 的抗弯截面系数,简称**抗弯截面系数**。单位是 m^3 或 mm^3。

- 如果横截面不对称于中性轴,如图 11-5 所示的槽形截面。

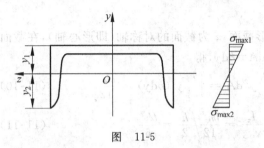

图 11-5

令 y_1 和 y_2 分别表示该横截面上、下边缘到中性轴的距离,则相应的最大弯曲正应力(不考虑符号,一个为拉应力,一个为压力)分别为

$$\sigma_{\max 1} = \frac{My_1}{I_z} = \frac{M}{W_1}, \quad \sigma_{\max 2} = \frac{My_2}{I_z} = \frac{M}{W_2} \qquad (11-8)$$

式中抗弯截面系数 W_1 和 W_2 分别为

$$W_1 = \frac{I_z}{y_1}, \quad W_2 = \frac{I_z}{y_2} \qquad (11-9)$$

3. 弯曲正应力公式的应用范围

- 上述的弯曲正应力公式,是由纯弯曲推导而来,并得到了实践的验证。对于横截面上既有弯矩,又有剪力,即横力弯曲的情况,由于剪力的存在,梁的横截面将发生翘曲;同时剪力将使梁的纵向纤维间产生局部的挤压应力。这时梁的变形为复合变形,但根据精确分析和实验证实,当梁的跨度 l 与横截面高度 h 之比 $l/h > 5$ 时,梁横截面上的正应力分布与纯弯曲情况很接近,即剪力的影响很小,所以纯弯曲正应力公式对横力弯曲仍可适用。
- 纯弯曲梁的正应力公式,只有当梁的材料服从胡克定律,而且在拉伸、压缩时的弹性模量相等的条件下才能适用。

11.2 常用截面的惯性矩、平行移轴公式

根据横截面对中性轴的惯性矩的定义可知,惯性矩 I_z 只与横截面的几何形状以及尺寸有关,它反映的是截面的几何性质。

11. 2. 1 常用截面的惯性矩

几种常见截面的惯性矩 I_z 和抗弯截面系数 W_z 的计算如下。

1. 矩形截面

如图 11-6 所示矩形截面，z 为截面的对称轴（即形心轴），在截面中取宽为 b、高为 $\mathrm{d}y$ 的细长条作为微面积，即 $\mathrm{d}A = b\mathrm{d}y$，得

$$I_z = \int_A y^2 \mathrm{d}A = \int_{-\frac{h}{2}}^{\frac{h}{2}} y^2 (b\mathrm{d}y) = \frac{bh^3}{12} \tag{11-10}$$

$$W_z = \frac{I_z}{y_{\max}} = \frac{bh^3}{12} \bigg/ \frac{h}{2} = \frac{bh^2}{6} \tag{11-11}$$

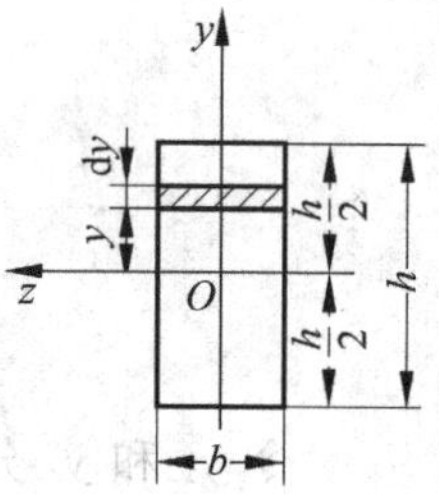

同理可得截面对 y 轴的惯性矩 I_y 和抗弯截面系数 W_y 分别为

$$I_y = \frac{hb^3}{12}, \quad W_y = \frac{hb^2}{6}$$

图 11-6

2. 圆形及圆环形截面

（1）同理可得直径为 d 的圆形截面对其形心轴 y 和 z 的惯性矩为

$$I_z = I_y = \frac{\pi d^4}{64}, \quad W_z = W_y = \frac{\pi d^3}{32} \tag{11-12}$$

（2）外径为 D、内径为 d 的圆环形截面对其形心轴 y 和 z 的惯性矩为

$$I_z = I_y = \frac{\pi}{64}(D^4 - d^4), \quad W_z = W_y = \frac{\pi}{32D}(D^4 - d^4) \tag{11-13}$$

塔设备或大口径管道的横截面成薄圆环形，设 s 为壁厚，因 $D \approx d$，而 $D - d = 2s$，故式（11-13）可简化为

$$I_z = I_y \approx \frac{\pi}{8}d^3 s, \quad W_z = W_y \approx \frac{\pi}{4}d^2 s \tag{11-14}$$

其他简单几何形状截面的惯性矩和型钢截面的惯性矩可查机械设计手册。

3. 组合截面

工程上常见的组合截面是由矩形、圆形等几个简单图形组成的，或由几个型钢截面组成的。设 A 为组合截面的面积，A_1，A_2，…为各组成部分的面积，则

$$I_z = \sum_{i=1}^{n} I_{zi}, \quad I_y = \sum_{i=1}^{n} I_{yi} \tag{11-15}$$

即组合截面对任一轴的惯性矩，等于各个组成部分对同一轴的惯性矩之和。

例如圆环截面对其对称轴的惯性矩，可看作是大圆的截面对其对称轴的惯性矩，减去小圆的截面对于同一轴的惯性矩。即

$$I_z = I_{z\text{大}} - I_{z\text{小}} = \frac{\pi D^4}{64} - \frac{\pi d^4}{64} = \frac{\pi}{64}(D^4 - d^4)$$

11.2.2　平行移轴定理

设有一任意截面,如图 11-7 所示,y、z 轴过截面形心,且 $y/\!/y_1$,$z/\!/z_1$。已知截面对 y、z 轴的惯性矩分别为 I_y 和 I_z,求截面对 y_1、z_1 轴的惯性矩。

设 a、b 分别为两平行轴之间的距离,y 为微面积 $\mathrm{d}A$ 与 z 轴的距离,则由图可知微面积 $\mathrm{d}A$ 至 z_1 轴的距离为

$$y_1 = y + a$$

整个截面对 z_1 轴的惯性矩可写成

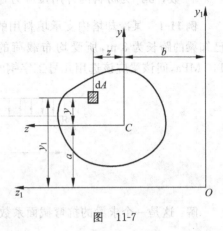

图　11-7

$$
\begin{aligned}
I_{z1} &= \int_A y_1^2 \mathrm{d}A = \int_A (y+a)^2 \mathrm{d}A \\
&= \int_A (y^2 + 2ay + a^2) \mathrm{d}A \\
&= \int_A y^2 \mathrm{d}A + 2a \int_A y \mathrm{d}A + a^2 \int_A \mathrm{d}A \\
&= I_z + 2aA y_C + a^2 A
\end{aligned}
$$

因为 z 轴通过截面的形心 C,故 $y_C = 0$,于是有

$$I_{z1} = I_z + a^2 A \tag{11-16a}$$

同理可得

$$I_{y1} = I_y + b^2 A \tag{11-16b}$$

上式称为**平行移轴定理**,即截面对任一轴的惯性矩,等于它对平行于该轴的形心轴的惯性矩,再加上截面面积与两轴间距离平方的乘积。

由于 $a^2 A$ 和 $b^2 A$ 恒为正值,可见在截面对一组平行轴的惯性矩中,截面对形心轴的惯性矩是最小的。

11.3　弯曲正应力的强度条件

梁的弯曲强度条件分为两种情况:

- 如材料的拉伸和压缩许用应力相等,则绝对值最大的弯矩所在的横截面为危险截面,最大弯曲正应力 $\sigma_{\max}$ 就在危险截面的上、下边缘处。为了保证梁的安全工作,最大工作应力 $\sigma_{\max}$ 就不得超过材料的许用应力 $[\sigma]$,于是梁弯曲正应力的强度条件为

$$\sigma_{\max} = \frac{M_{\max}}{W_z} \leqslant [\sigma] \tag{11-17}$$

如果横截面不对称于中性轴,则 W_1 和 W_2 不相等,在此应取较小的抗弯截面系数。

- 如果材料是铸铁、陶瓷等脆性材料,其拉伸和压缩许用应力不相等,则应分别求出最

大正弯矩和最大负弯矩所在横截面上的最大拉应力和最大压应力,并分别列出抗拉强度条件和抗压强度条件为

$$\sigma_{\max拉} = \frac{M_{\max}}{W_1} \leqslant [\sigma_拉], \quad \sigma_{\max压} = \frac{M_{\max}}{W_2} \leqslant [\sigma_压] \tag{11-18}$$

式中,W_1 和 W_2 分别是相应于最大拉应力 $\sigma_{\max拉}$ 和最大压应力 $\sigma_{\max压}$ 的抗弯截面系数,$[\sigma_拉]$ 为材料的许用拉应力,$[\sigma_压]$ 为材料的许用压应力。

例 11-1 某冷却塔内支承填料用的梁,可简化为受均布载荷的简支梁,如图 11-8 所示。已知梁的跨长为 3 m,所受均布载荷的集度为 $q = 20$ kN,材料为 A3 钢,许用应力 $[\sigma] = 140$ MPa,问该梁应该选用几号工字钢?

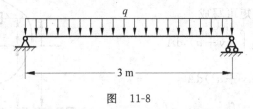

图 11-8

解:这是一个求梁的抗弯截面系数的问题,应先计算在梁跨中点横截面上的最大弯矩

$$M_{\max} = \frac{1}{8}ql^2 = \frac{20 \times 3^2}{8} = 22.5 \text{ kN} \cdot \text{m}$$

所需抗弯截面系数为

$$W_z \geqslant \frac{M_{\max}}{[\sigma]} = \frac{22.5 \times 10^3}{140 \times 10^6} = 161 \times 10^{-6} \text{ m}^3 = 161 \text{ cm}^3$$

查型钢规格表,选用 18 号工字钢,$W_z = 185$ cm³。

例 11-2 一螺旋压板夹紧装置,如图 11-9(a)所示。已知压紧力 $F_{Cy} = 3$ kN,$a = 50$ mm,材料的许用应力为 $[\sigma] = 150$ MPa。试校核压板的强度。

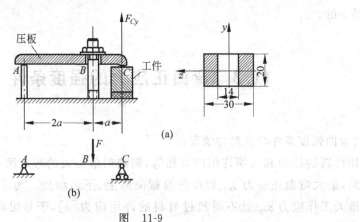

图 11-9

解:压板可简化为一简支梁,如图 11-9(b)所示,最大弯矩在截面 B 上,即

$$M_{\max} = F_{Cy}a = 3 \times 10^3 \times 0.05 = 150 \text{ N} \cdot \text{m}$$

欲校核压板的强度,需计算 B 处截面对其中性轴的惯性矩

$$I_z = \frac{30 \times 20^3}{12} - \frac{14 \times 20^3}{12} = 10.67 \times 10^3 \ \text{mm}^4 = 10.67 \times 10^{-9} \ \text{m}^4$$

抗弯截面系数

$$W_z = \frac{I_z}{y_{\max}} = \frac{10.67 \times 10^{-9}}{0.01} = 1.067 \times 10^{-6} \ \text{m}^3$$

最大正应力

$$\sigma_{\max} = \frac{M_{\max}}{W_z} = \frac{150}{1.067 \times 10^{-6}} = 141 \times 10^6 \ \text{N/m}^2 = 141 \ \text{MPa} < 150 \ \text{MPa}$$

故压板的强度足够。

例 11-3　试按正应力校核图 11-10(a)所示铸铁梁的强度。已知梁的横截面为 T 字形，如图 11-10(b)所示。横截面的惯性矩 $I_z = 26.1 \times 10^{-6} \ \text{m}^4$，材料的许用拉应力 $[\sigma_{拉}] = 40 \ \text{MPa}$，许用压应力 $[\sigma_{压}] = 110 \ \text{MPa}$。

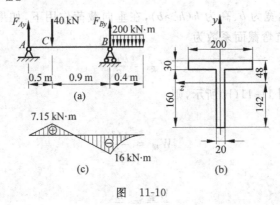

图　11-10

解:(1) 求约束力。先由静力平衡方程求出梁的约束力为

$$F_{Ay} = 14.3 \ \text{kN}, \quad F_{By} = 10.57 \ \text{kN}$$

(2) 画弯矩图,判断危险截面

绘出梁的弯矩图,如图 11-10(c)所示。由图可知,最大正弯矩在截面 C,即 $M_{\max C} = 7.15 \ \text{kN} \cdot \text{m}$;最大负弯矩在截面 B,即 $|M_{\max B}| = 16 \ \text{kN} \cdot \text{m}$。因为 T 字形不对称于中性轴 z,且材料的许用应力 $[\sigma_{拉}] \neq [\sigma_{压}]$。所以对两个危险截面 C 和 B 上的最大正应力要分别进行校核。

(3) 强度校核

C 截面:

$$\sigma_{\max压} = \left| \frac{7.15 \times 0.048}{26.1 \times 10^{-6}} \right| = 13.15 \times 10^6 \ \text{N/m}^2 = 13.15 \ \text{MPa} < 110 \ \text{MPa}$$

$$\sigma_{\max拉} = \frac{7.15 \times 0.142}{26.1 \times 10^{-6}} = 38.9 \times 10^6 \ \text{N/m}^2 = 38.9 \ \text{MPa} < 40 \ \text{MPa}$$

B 截面:

$$\sigma_{\max压} = \left| \frac{16 \times 0.142}{26.1 \times 10^{-6}} \right| = 87 \times 10^6 \ \text{N/m}^2 = 87 \ \text{MPa} < 110 \ \text{MPa}$$

$$\sigma_{\max拉} = \frac{16 \times 0.048}{26.1 \times 10^{-6}} = 29.4 \times 10^6 \ \text{N/m}^2 = 29.4 \ \text{MPa} < 40 \ \text{MPa}$$

故知铸铁梁的强度是足够的。

11.4　提高梁弯曲强度的措施

细长直梁的横截面尺寸,是按正应力强度条件确定的。由式(11-7)可知,横截面的最大正应力与弯矩成正比,而与抗弯截面系数成反比。

如弯矩一定,则梁的最大弯曲正应力数值取决于 W_z 的值。为了既能提高梁的抗弯强度,又不增加梁的自重,梁的横截面应有较小的横截面面积、较大的抗弯截面系数,即有较大的 $\dfrac{W_z}{A}$。

一根矩形截面梁,宽为 b、高为 $h(h > b)$,在垂向载荷作用下,如果将矩形截面竖放,如图 11-11(a)所示,其抗弯截面系数为

$$W_{\text{竖}} = \frac{bh^2}{6}$$

将矩形截面平放,如图 11-11(b)所示,则

$$W_{\text{横}} = \frac{hb^2}{6}$$

可见

$$\frac{W_{\text{竖}}}{W_{\text{横}}} = \frac{h}{b}$$

$h/b = 2$ 时,则 $W_{\text{竖}} = 2W_{\text{横}}$。显然,矩形截面竖放时的抗弯截面系数要比平放时大。由此看来,横截面越高越合理。但高度与宽度之比也有一定的限制,比值过大容易发生侧向失稳或剪切强度不够等问题。

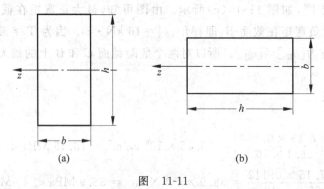

图　11-11

梁弯曲时,从横截面上的正应力沿截面高度分布规律来看,离中性轴越远,正应力越大,靠近中性轴的地方,正应力很小。因此,矩形截面上靠近中性轴附近的材料,没有被充分利用。为此,可把矩形截面靠近中性轴的材料移到离中性轴较远的地方,以提高截面的抗弯截面系数。这样就逐渐形成了工字形和槽形等截面,如图 11-12 所示。工字形截面梁受到横

力弯曲时,横截面的翼缘部分主要承受正应力,而腹板部分主要承受剪应力。这样,这两部分材料就充分发挥了各自的作用。所以对梁来说,工字形截面是比较合理的截面。

根据材料的特性,合理的截面应该使截面上的最大拉应力和最大压应力同时达到材料的许用应力。所以对于抗拉强度和抗压强度相等的材料,常采用对称于中性轴的截面,例如工字形截面。而对于拉、压强度不相等的材料,常采用不对称于中性轴的截面。例如对用铸铁制成的梁,由于 $[\sigma_{拉}]<[\sigma_{压}]$,常做成 T 字形截面,并使中性轴的位置符合 $\dfrac{y_1}{y_2}=\dfrac{[\sigma_{拉}]}{[\sigma_{压}]}$ 的条件。在选用这种截面的铸铁梁时,要使中性轴偏于受拉的一边,如图 11-13 所示。

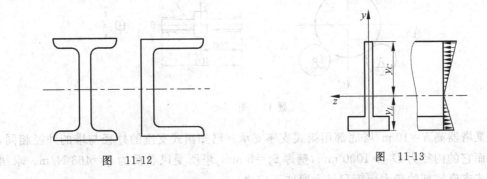

图 11-12   图 11-13

在选择梁的合理截面时,要有全面观点,除了考虑拉、压强度这一重要因素外,有时还考虑剪切强度、刚度、稳定性以及制造和使用等方面的要求。

习　题

11-1　某车间的宽度为 8 m,现需安装一台行车,起重量为 29.4 kN。行车大梁选用一 32a号工字钢,单位长度的重量为 517 N/m,工字钢的材料为 A3 钢,它的许用弯曲应力 $[\sigma]=120$ MPa。试按正应力校核这行车大梁的强度。

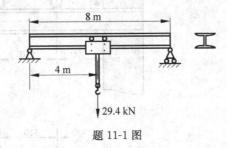

题 11-1 图

11-2　制动装置的杠杆,用直径 $d=30$ mm 的销钉支承在 B 处。若杠杆的许用应力 $[\sigma]=137$ MPa,销钉的许用剪应力 $[\tau]=98$ MPa。试求许用载荷 F_1 和 F_2。

11-3　支持转筒的托轮结构如图所示。转筒和滚圈的重量为 F,作用在每个托轮的载荷为 $F_P=60$ kN。支持托轮的轴可以简化为一简支梁。已知材料的许用应力 $[\sigma]=100$ MPa,试求托轮的直径 d。

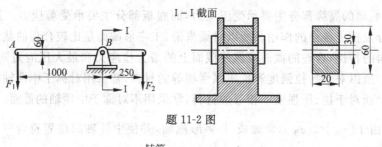

题 11-2 图

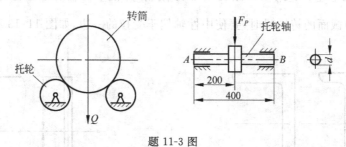

题 11-3 图

11-4　某塔器高 $h=10$ m,塔底部用裙式支座支承。已知裙式支座的外径与塔的外径相同,而它的内径为 $D_{内}=1000$ mm,壁厚 $S_g=8$ mm。塔所受风载荷为 $q=468$ N/m。求裙式支座底部的最大弯矩和最大弯曲正应力。

11-5　有一承受管道的悬臂梁,用两根槽钢组成,两根管道作用在悬臂梁上的重量各为 $F_P=5.39$ kN,尺寸如图所示(单位为 mm)。求:(1)绘悬臂梁的弯矩图;(2)选择槽钢的型号。设材料的许用应力 $[\sigma]=130$ MPa。

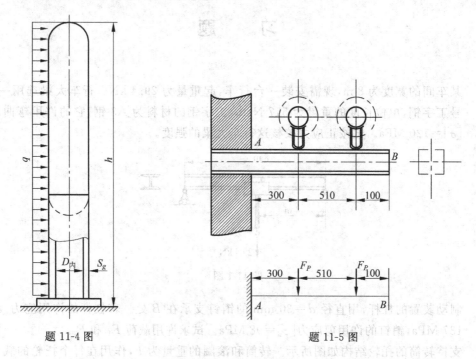

题 11-4 图

题 11-5 图

11-6　双效蒸发器如图所示,每只重 $F=19.6$ kN,用 4 只耳式支座,支承在梁上。AB、CD、EG、FH 和 BD 梁均为 10 号工字钢。各梁交接处均为焊接,在计算时可视为铰接。

尺寸单位为 mm。设重量 F 由 4 个耳式支座均匀地传到梁上,求:(1)绘 AB 梁的剪力图和弯矩图;(2)设 AB 梁的材料为 A3 钢,许用应力 $[\sigma]=130\,\mathrm{MPa}$,试按正应力校核 AB 梁的强度。

11-7　小型板框压榨机,如图所示。板、框、物料总重 2.88 kN,均匀分布于长 600 mm 的长度内,由前后两根横梁 AB 承受。梁的直径 d 为 57 mm,梁的两端用螺栓连接,计算时可视为铰接。试绘 AB 梁的剪力图和弯矩图,并求出最大弯矩以及最大弯曲正应力 σ_{max}。

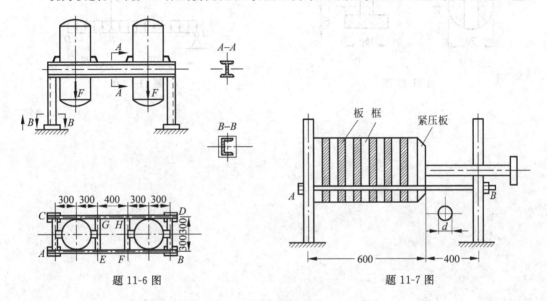

题 11-6 图　　　　　　　　　题 11-7 图

11-8　图示为一铸铁梁,$I_z=7.63\times10^{-6}\,\mathrm{m^4}$,若 $[\sigma_{拉}]=30\,\mathrm{MPa}$,$[\sigma_{压}]=60\,\mathrm{MPa}$,试校核此梁的强度。

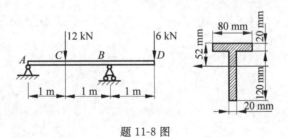

题 11-8 图

11-9　当 F 力直接作用在梁 AB 中点时,梁内最大正应力超过许用应力 30%,为了消除此过载现象,配置了如图所示的辅助梁 CD,试求此辅助梁的跨度 a,已知 $l=6\,\mathrm{m}$。

11-10　一受均布载荷的外伸钢梁,已知 $q=12\,\mathrm{kN/m}$,材料的许用应力 $[\sigma]=160\,\mathrm{MPa}$。试选择此梁的工字钢型号。

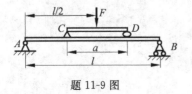　　　　　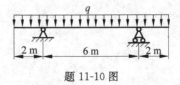

题 11-9 图　　　　　　　　　题 11-10 图

11-11 求图示截面对水平形心轴的惯性矩。

11-12 10号工字钢梁 AB，支撑和载荷情况如图所示。已知圆钢杆 BC 的直径 $d=20\,\text{mm}$，梁和杆的许用应力均为 $[\sigma]=160\,\text{MPa}$，试求许可均布载荷 q。

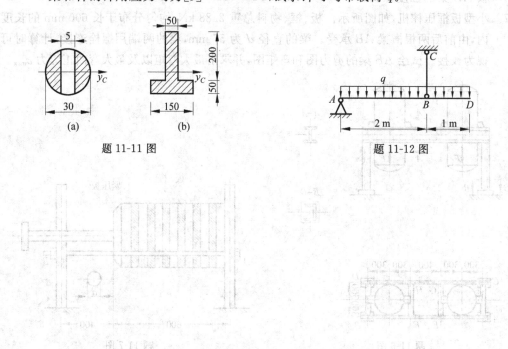

题 11-11 图　　　　　　题 11-12 图

第 12 章 弯 曲 变 形

研究梁的弯曲变形主要有两个目的：①进行梁的刚度校核；②解决超静定梁的问题。

12.1 梁的挠度和转角

一般来说，梁不仅要满足强度条件，同时还要满足刚度条件。梁的变形不能超过规定的许可范围，否则就会影响正常工作。例如行车大梁在起吊重物时，若其弯曲变形过大，则行车就要发生振动；机床主轴的刚度不够，就会影响加工工件的精度。

同时可以根据梁的变形，列出补充方程，解决超静定梁的问题。

为了研究梁的变形，首先介绍梁的弹性曲线、挠度和转角等概念。

12.1.1 弹性曲线

如图 12-1 所示悬臂梁 AB 在其自由端 B 有一个集中力 F 作用，弯曲变形前，梁的轴线 AB 为一直线，变形后，成为梁的纵向对称面内的一条连续而又光滑的平面曲线，称为梁的**弹性曲线**或**挠曲线**，在图中以虚线 AB_1 表示。建立直角坐标系，x 轴与梁变形前的轴线重合，y 轴垂直向上，则 xy 平面就是梁的纵向对称面，于是梁的弹性曲线可表示为

$$y = f(x)$$

上式称为梁的**弹性曲线方程**。

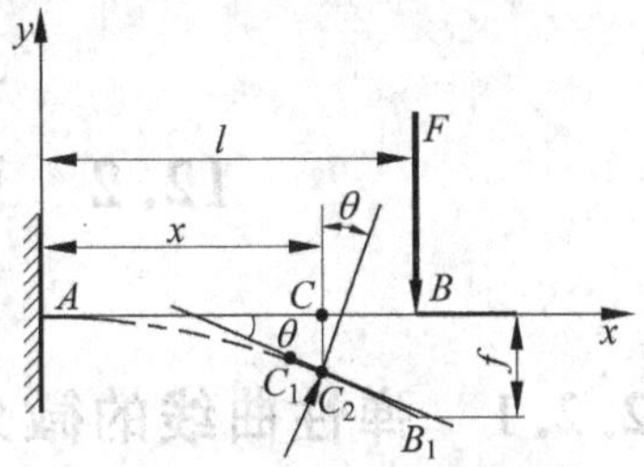

梁的变形主要与弯矩有关，剪力的影响很小，一般可略去不计。因此，研究梁的横力弯曲时，仍可假设横截面始终保持为平面，并垂直于梁的弹性曲线，横截面各自绕着自己的中性轴作转动。所以，可用横截面的两个位移量——挠度和转角来描述梁的弯曲变形。

图 12-1

12.1.2 挠度和转角

如图 12-1 所示，C 为坐标为 x 的任一横截面的形心，弯曲变形后，实际位置为 C_1，因为变形很小，C_1C_2 更小，为二阶微量，所以忽略 C 点在 x 方向的位移分量，认为 C 变形后的位置为 C_2，称 CC_2 为该截面的挠度。

1. 挠度

梁上任一横截面的形心在垂直于梁轴线方向的线位移,称为该横截面的**挠度**,通常用 y 表示,而用 f 表示最大挠度。

由梁的弹性曲线方程可知,挠度 y 可以表示为所在截面位置 x 的函数。挠度的符号,按所选定的坐标系而定,在图 12-1 中,C 点的挠度为负值。

2. 转角

横截面绕其中性轴转过的角度 θ 称为该截面的**转角**。

根据平面假设,梁变形后,各横截面仍垂直于梁的弹性曲线。因此,在 C_2 点引一切线,则这条切线的倾角,就等于横截面的转角,而转角的符号,可根据切线倾角的符号来决定。在选定的坐标系中,从 x 轴起至切线的倾角,逆时针转动为正;反之为负。例如图 12-1 中截面 C 的转角即为负值。

梁的弹性曲线在 C_2 点的切线斜率为

$$\tan \theta = \frac{\mathrm{d}y}{\mathrm{d}x}$$

在工程实际中,θ 一般都很小,故可认为 $\tan \theta \approx \theta$,即有

$$\theta = \frac{\mathrm{d}y}{\mathrm{d}x} \tag{12-1}$$

上式表示,梁任一横截面的转角 θ,等于该横截面的挠度 y 对截面位置坐标 x 的一阶导数。

由此可知,只要知道了梁的弹性曲线方程,就可求得梁任一横截面的挠度和转角。

12.2　弹性曲线的近似微分方程

12.2.1　弹性曲线的微分方程

在推导梁的纯弯曲正应力公式时,求得梁的弹性曲线的曲率为

$$\frac{1}{\rho} = \frac{M}{EI}$$

对于横力弯曲,由于剪力对梁的变形影响很小,可略去不计,所以这一公式仍可适用。但梁轴上各点的曲率和弯矩都是横截面位置 x 的函数,故上述曲率公式可写为

$$\frac{1}{\rho(x)} = \frac{M(x)}{EI} \tag{12-1a}$$

由微积分学已知,平面曲线上任一点的曲率为

$$\frac{1}{\rho(x)} = \pm \frac{\dfrac{\mathrm{d}^2 y}{\mathrm{d}x^2}}{\left[1 + \left(\dfrac{\mathrm{d}y}{\mathrm{d}x}\right)^2\right]^{3/2}} \tag{12-1b}$$

由式(12-1a),式(12-1b)可得

$$\pm \frac{\dfrac{\mathrm{d}^2 y}{\mathrm{d} x^2}}{\left[1 + \left(\dfrac{\mathrm{d} y}{\mathrm{d} x}\right)^2\right]^{3/2}} = \frac{M(x)}{EI} \qquad (12\text{-}1c)$$

这就是梁的弹性曲线微分方程。在工程上,梁横截面转角一般都很小,即$\dfrac{\mathrm{d} y}{\mathrm{d} x}$的值很微小,因此,$\left(\dfrac{\mathrm{d} y}{\mathrm{d} x}\right)^2$的值远小于 1,可略去不计,于是式(12-1c)可简化为

$$\pm \frac{\mathrm{d}^2 y}{\mathrm{d} x^2} = \frac{M(x)}{EI} \qquad (12\text{-}1d)$$

这就是梁的**弹性曲线近似微分方程**。式(12-1d)中的正负号根据弯矩的符号和 y 轴的方向而定。按图 12-1 选定的坐标系,规定 y 轴向上为正,当弯矩为正时,曲线应向下凹,$\dfrac{\mathrm{d}^2 y}{\mathrm{d} x^2}$ 为正值,如图 12-2(a)所示;反之,当弯矩为负时,曲线向上凸,$\dfrac{\mathrm{d}^2 y}{\mathrm{d} x^2}$ 为负值,如图 12-2(b)所示。因此,式(12-1d)左边取正号,即

$$\frac{\mathrm{d}^2 y}{\mathrm{d} x^2} = \frac{M(x)}{EI} \qquad (12\text{-}2)$$

对于等截面梁,EI 为一常数,可将上式改写为

$$EI \frac{\mathrm{d}^2 y}{\mathrm{d} x^2} = M(x)$$

在等号两边各乘以 $\mathrm{d} x$,进行一次积分,可得

$$EI\theta = EI \frac{\mathrm{d} y}{\mathrm{d} x} = \int M(x)\mathrm{d} x + C \qquad (12\text{-}3a)$$

这就是梁的**转角方程**。再积分一次,得

$$EIy = \iint M(x)\mathrm{d} x \cdot \mathrm{d} x + Cx + D \qquad (12\text{-}3b)$$

这就是梁的**弹性曲线方程**。式中的两个积分常数 C 和 D 可由边界条件和光滑连续条件决定。

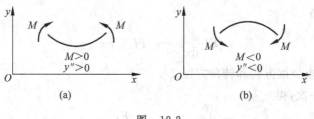

图 12-2

12.2.2 边界条件

所谓边界条件,即梁上某些截面处的已知挠度和转角;而光滑连续条件是因为挠曲线是一条连续光滑的曲线,所以在挠曲线的任意点,有唯一确定的挠度和转角,由此而得到的条件。

1. 简支梁的边界条件

如图 12-3 所示,简支梁的边界条件为:$x=0$ 时,$y=0$;$x=l$ 时,$y=0$。

2. 悬臂梁的边界条件

如图 12-4 所示,悬臂梁的边界条件为:$x=0$ 时,$y=0$,$\theta=0$。

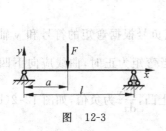

图　12-3

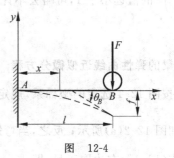

图　12-4

3. 光滑连续条件

梁受到集中力或集中力偶的作用时,各段梁的弯矩方程不同,其弹性曲线的微分方程相应的也不同。对各段梁的微分方程进行积分时,每一段均将出现两个积分常数。要确定这些积分常数,除利用边界条件外,还要考虑到梁的弹性曲线是一条连续的光滑曲线。故可利用两段梁在交界处的变形连续条件,即两段梁在交界处具有相等的挠度和转角。如图 12-3 所示简支梁,变形连续条件为 $x=a$ 时,$\theta_{a左}=\theta_{a右}$,$y_{a左}=y_{a右}$。

例 12-1　有一支承管道的悬臂梁 AB,如图 12-4 所示。已知管道的重量为 F,梁长为 l,抗弯刚度为 EI,求梁的最大挠度和转角。

解:(1) 挠曲线的微分方程

选取坐标系如图 12-4 所示。距梁左端为 x 的任一截面的弯矩为

$$M(x)=-F(l-x)=-Fl+Fx$$

代入公式(12-2),得

$$EI\frac{\mathrm{d}^2 y}{\mathrm{d}x^2}=-Fl+Fx \tag{a}$$

(2) 通过积分求挠度方程和转角方程

将式(a)积分一次,得

$$EI\frac{\mathrm{d}y}{\mathrm{d}x}=-Flx+\frac{Fx^2}{2}+C \tag{b}$$

再积分一次,得

$$EIy=-\frac{Flx^2}{2}+\frac{Fx^3}{6}+Cx+D \tag{c}$$

(3) 利用边界条件,确定积分常数

边界条件:$x=0$ 时,$y=0$,$\theta=0$

代入式(b)、式(c),得

$$D = 0, \quad C = 0$$

将所得积分常数代入(b)、(c)两式,得到梁的转角方程和弹性曲线方程分别为

$$\theta = \frac{\mathrm{d}y}{\mathrm{d}x} = \frac{1}{EI}\left(-Flx + \frac{Fx^2}{2}\right) \tag{d}$$

和

$$y = \frac{1}{EI}\left(-\frac{Flx^2}{2} + \frac{Fx^3}{6}\right) \tag{e}$$

（4）求最大挠度和转角

显然,梁在自由端的转角和挠度为最大,即当 $x = l$ 时,

$$\theta_{\max} = \theta_B = \frac{1}{EI}\left(-Fll + \frac{Fl^2}{2}\right) = -\frac{Fl^2}{2EI} \tag{f}$$

$$f = y_B = \frac{1}{EI}\left(-\frac{Fll^2}{2} + \frac{Fl^3}{6}\right) = -\frac{Fl^3}{3EI} \tag{g}$$

式中转角为负值,表示梁变形时横截面绕中性轴按顺时针转动;挠度为负值,表示 B 点向下移动。

例 12-2　设有一跨度为 l 的简支梁,其抗弯刚度为 EI,受集度为 q 的均布载荷作用,如图 12-5 所示。求梁的最大转角和挠度。

解:（1）挠曲线微分方程

建立坐标系如图 12-5 所示,由对称关系求得支座反力为

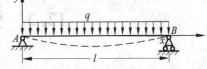

$$F_{Ay} = F_{By} = \frac{ql}{2}$$

距梁左端为 x 的任一横截面的弯矩为

$$M(x) = \frac{ql}{2}x - \frac{qx^2}{2}$$

图　12-5

弹性曲线的近似微分方程为

$$EI\frac{\mathrm{d}^2 y}{\mathrm{d}x^2} = \frac{ql}{2}x - \frac{qx^2}{2} \tag{a}$$

（2）通过积分求挠度方程和转角方程

积分一次,可得

$$EI\frac{\mathrm{d}y}{\mathrm{d}x} = \frac{ql}{4}x^2 - \frac{q}{6}x^3 + C \tag{b}$$

再积分一次,得

$$EIy = \frac{ql}{12}x^3 - \frac{q}{24}x^4 + Cx + D \tag{c}$$

（3）通过边界条件确定积分常数

边界条件:

$$x = 0, \quad y = 0$$
$$x = l, \quad y = 0$$

分别代入式(b)、式(c),得

$$D = 0, \quad C = -\frac{ql^3}{24}$$

于是梁的转角方程和弹性曲线方程分别为

$$\theta = \frac{\mathrm{d}y}{\mathrm{d}x} = \frac{1}{EI}\left(\frac{ql}{4}x^2 - \frac{q}{6}x^3 - \frac{ql^3}{24}\right) = \frac{q}{24EI}(6lx^2 - 4x^3 - l^3) \tag{d}$$

和

$$y = \frac{1}{EI}\left(\frac{ql}{12}x^3 - \frac{q}{24}x^4 - \frac{ql^3}{24}x\right) = \frac{q}{24EI}(2lx^3 - x^4 - l^3 x) \tag{e}$$

（4）求最大挠度和转角

由于梁的外力及其边界条件均对称于梁跨中点，所以梁的变形也是对称的。最大挠度在梁跨中点，将 $x=l/2$ 代入式（e），得

$$f = y_{\max} = -\frac{5ql^4}{384EI} \tag{f}$$

两支座处的转角数值相等，均为最大值，分别为

$$x = 0, \quad \theta_{\max} = \theta_A = -\frac{ql^3}{24EI} \tag{g}$$

$$x = l, \quad \theta_{\max} = \theta_B = +\frac{ql^3}{24EI} \tag{h}$$

几种简单载荷作用下梁的变形可见有关手册。

12.3　叠加法求梁的变形

在小变形和梁的材料服从胡克定律的前提下，梁的挠度和转角与载荷呈线性关系，即当梁上同时作用几个载荷时，由每个载荷所引起的变形不受其他载荷的影响。

因此多个载荷同时作用下梁的挠度和转角等于每个载荷单独作用所产生的挠度和转角的代数和。这种求梁的变形的方法称为叠加法。

我们把简单情况下梁的变形用积分法求出并列于表中，供叠加法应用。显然叠加法不是一个独立的方法，而是一个辅助的方法。

例 12-3　简支梁如图 12-6(a)所示，按叠加原理求 A 端的截面转角、跨度中间的挠度。

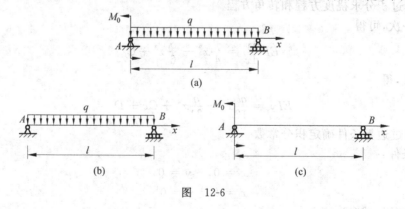

图　12-6

解：根据叠加原理，可将梁的载荷分解为如图 12-6(b)、图 12-6(c)所示。

对应图 12-6(b)，查表 12-1(10)得：

表 12-1　梁在简单载荷作用下的变形

序号	梁的简图	挠曲线方程	端截面转角	最大挠度
(1)		$w = -\dfrac{M_e x^2}{2EI}$	$\theta_B = -\dfrac{M_e l}{EI}$	$w_B = -\dfrac{M_e l^2}{2EI}$
(2)		$w = -\dfrac{F x^2}{6EI}(3l - x)$	$\theta_B = -\dfrac{F l^2}{2EI}$	$w_B = -\dfrac{F l^3}{3EI}$
(3)		$w = -\dfrac{F x^2}{6EI}(3a - x)\,(0 \leqslant x \leqslant a)$ $w = -\dfrac{F a^2}{6EI}(3x - a)\,(a \leqslant x \leqslant l)$	$\theta_B = -\dfrac{F a^2}{2EI}$	$w_B = -\dfrac{F a^2}{6EI}(3l - a)$
(4)		$w = -\dfrac{q x^2}{24EI}(x^2 - 4lx + 6l^2)$	$\theta_B = -\dfrac{q l^3}{6EI}$	$w_B = -\dfrac{q l^4}{8EI}$
(5)		$w = -\dfrac{M_e x}{6EIl}(l - x)(2l - x)$	$\theta_A = -\dfrac{M_e l}{3EI}$ $\theta_B = \dfrac{M_e l}{6EI}$	$x = \left(1 - \dfrac{1}{\sqrt{3}}\right)l,$ $w_{\max} = -\dfrac{M_e l^2}{9\sqrt{3}EI}$ $x = \dfrac{l}{2},\ w_{\frac{l}{2}} = -\dfrac{M_e l^2}{16EI}$

续表

序号	梁的简图	挠曲线方程	端截面转角	最大挠度
(6)		$w = -\dfrac{M_e x}{6EIl}(l^2 - x^2)$	$\theta_A = -\dfrac{M_e l}{6EI}$ $\theta_B = \dfrac{M_e l}{3EI}$	$x = \dfrac{l}{\sqrt{3}}$ $w_{\max} = -\dfrac{M_e l^2}{9\sqrt{3}EI}$ $x = \dfrac{l}{2},\ w_{\frac{l}{2}} = -\dfrac{M_e l^2}{16EI}$
(7)		$w = -\dfrac{M_e x}{6EIl}(l^2 - 3b^2 - x^2)\ (0 \le x \le a)$ $w = -\dfrac{M_e}{6EIl}\left[-x^3 + 3l(x-a)^2 + (l^2 - 3b^2)x\right](a \le x \le l)$	$\theta_A = \dfrac{M_e}{6EIl}(l^2 - 3b^2)$ $\theta_B = \dfrac{M_e}{6EIl}(l^2 - 3a^2)$	
(8)		$w = -\dfrac{Fx}{48EI}(3l^2 - 4x^2)\ \left(0 \le x \le \dfrac{l}{2}\right)$	$\theta_A = -\theta_B = -\dfrac{Fl^2}{16EI}$	$w_{\max} = -\dfrac{Fl^3}{48EI}$
(9)		$w = -\dfrac{Fbx}{6EIl}(l^2 - x^2 - b^2)\ (0 \le x \le a)$ $w = -\dfrac{Fb}{6EIl}\left[\dfrac{l}{b}(x-a)^3 + (l^2 - b^2)x - x^3\right](a \le x \le l)$	$\theta_A = -\dfrac{Fab(l+b)}{6EIl}$ $\theta_B = \dfrac{Fab(l+a)}{6EIl}$	设 $a > b$,在 $x = \sqrt{\dfrac{l^2 - b^2}{3}}$ 处 $w_{\max} = -\dfrac{Fb(l^2 - b^2)^{3/2}}{9\sqrt{3}EIl}$ 在 $x = \dfrac{l}{2}$ 处,$w_{\frac{l}{2}} = -\dfrac{Fb(3l^2 - 4b^2)}{48EI}$
(10)		$w = -\dfrac{qx}{24EI}(l^3 - 2lx^2 + x^3)$	$\theta_A = -\theta_B = -\dfrac{ql^3}{24EI}$	$w_{\max} = -\dfrac{5ql^4}{384EI}$

A 端的截面转角 $\qquad \theta_A = -\dfrac{ql^3}{24EI}$

跨度中间的挠度 $\qquad y_{\frac{l}{2}} = -\dfrac{5ql^4}{384EI}$

对应图 12-6(c)，查表 12-1(5)，并考虑实际弯矩的方向，得：

A 端的截面转角 $\qquad \theta_A = \dfrac{M_0 l}{3EI}$

跨度中间的挠度 $\qquad y_{\frac{l}{2}} = \dfrac{M_0 l^2}{16EI}$

所以，对应图 12-6(a)

所求的 A 端的截面转角 $\qquad \theta_A = -\dfrac{ql^3}{24EI} + \dfrac{M_0 l}{3EI}$

跨度中间的挠度 $\qquad y_{\frac{l}{2}} = -\dfrac{5ql^4}{384EI} + \dfrac{M_0 l^2}{16EI}$

例 12-4 悬臂梁如图 12-7 所示，沿梁长右半部分承受集度为 q 的均布载荷，用叠加法求梁自由端的挠度和转角。

解：在 CB 段内距 A 为 x 处，取长为 dx 的一微段，作用在微段上的载荷为 qdx，可看作一集中力。查表 12-1(3)，集中力产生的 B 截面的挠度和转角为

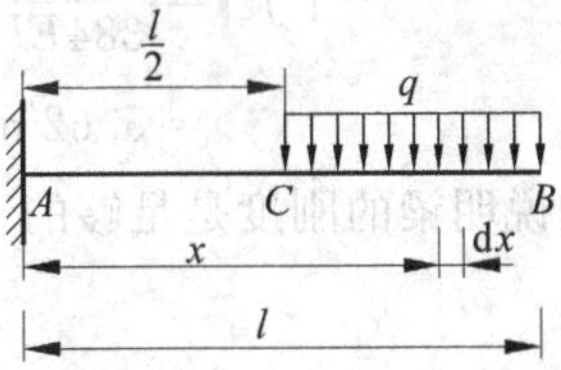

图　12-7

$$dy = -\frac{(qdx)x^2(3l-x)}{6EI}$$

$$d\theta = -\frac{(qdx)x^2}{2EI}$$

积分，得分布力产生的 B 截面的挠度和转角

$$y = y_B = \int_{\frac{l}{2}}^{l} -\frac{qx^2(3l-x)}{6EI}dx = -\frac{q}{6EI}\int_{\frac{l}{2}}^{l} x^2(3l-x)dx = -\frac{41ql^4}{38EI}$$

$$\theta_B = \int_{\frac{l}{2}}^{l} -\frac{qx^2}{2EI}dx = -\frac{q}{2EI}\int_{\frac{l}{2}}^{l} x^2 dx = -\frac{7ql^3}{48EI}$$

12.4　梁的刚度校核

在工程设计中，通常先按强度条件选择梁的截面尺寸，然后再对梁进行刚度校核。校核梁的刚度的目的，就是要控制梁的变形，使梁的最大挠度和最大转角必须在规定的许可范围以内。故梁的刚度条件为

$$f \leqslant [f] \qquad\qquad\qquad (12\text{-}4)$$

$$\theta_{max} \leqslant [\theta] \qquad\qquad\qquad (12\text{-}5)$$

式中 $[f]$ 和 $[\theta]$ 分别为规定的许可挠度和许可转角。根据梁的工作性质，可有不同要求。例如，行车大梁的许可挠度 $[f] = \left(\dfrac{1}{700} \sim \dfrac{1}{400}\right)l$，$l$ 为跨度（以下同）；对一般用途的转轴，其许

可挠度$[f]=(0.0003\sim0.0005)l$；架空管道的许可挠度$[f]=\dfrac{1}{500}l$；一般塔器的许可挠度

$[f]=\left(\dfrac{1}{500}\sim\dfrac{1}{1000}\right)h$，$h$ 为塔高；转轴在滚动轴承处的截面许可转角为 $[\theta]=$

$(0.0016\sim0.0075)$rad 等，其他可参考有关设计手册。

例 12-5 试校核例 12-2 中简支梁的刚度。已知梁为 18 号工字钢，材料的弹性模量 $E=206\times10^9$ N/m^2，跨度 $l=2.83$ m，均布载荷密度 $q=23$ kN/m，梁的许可挠度为跨度的 1/500。

解：查型钢规格表，18 号工字钢的惯性矩为 $I_z=1660$ cm$^4=16.6\times10^{-6}$ m^4。梁的许可挠度

$$[f]=\frac{l}{500}=\frac{2830}{500}=5.66\text{ mm}$$

最大挠度在梁跨度中点

$$|f|=\frac{5ql^4}{384EI}=\frac{5\times23\times10^3\times(2.83)^4}{384\times206\times10^9\times16.6\times10^{-6}}=5.62\times10^{-3}\text{ m}$$

$$=5.62\text{ mm}<5.66\text{ mm}$$

这说明梁的刚度是足够的。

习　　题

12-1 设已知梁的抗弯刚度 EI，用积分法求以下各梁的转角方程、挠曲线方程以及指定的转角和挠度。

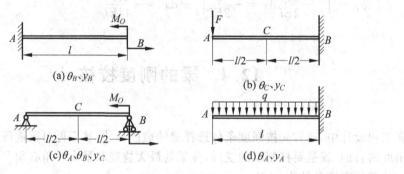

(a) θ_B、y_B

(b) θ_C、y_C

(c) θ_A、θ_B、y_C

(d) θ_A、y_A

题 12-1 图

12-2 车床上用卡盘夹住工件进行切削时，如图所示，车刀作用于工件的力 $F=360$ N，工件材料为普通碳钢，$E=200\times10^9$ N/m^2，试求工件端点的挠度。

12-3 简化后的齿轮轴 AB 如图所示，试求轴承处截面的转角。已知 $E=196\times10^9$ N/m^2。

题 12-2 图　　　　　　　　题 12-3 图

12-4　简支梁如图所示。已知 $l=4$ m，$q=9.8$ kN/m，$[\sigma]=100$ MPa，$E=206\times10^9$ N/m²，若许用挠度$[y]=\dfrac{l}{1000}$，截面为由两根槽钢组成的组合截面，试选定槽钢的型号，并对自重影响进行校核。

12-5　钢轴如图所示，已知 $E=200\times10^9$ N/m²，左端轮上受力 $F=20$ kN。若规定支座 A 处截面的许用转角$[\theta]=0.5°$，试选定此轴的直径。

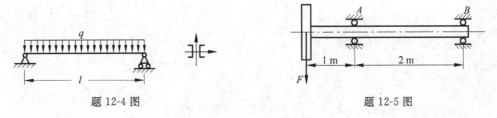

题 12-4 图　　　　　　　　题 12-5 图

12-6　一 45A 号工字钢的简支梁，长 $l=10$ m，受布满全梁的均布载荷的作用，已知材料的弹性模量 $E=210$ GPa，若梁的最大挠度不得超过$\dfrac{l}{600}$，求其许用的均布载荷集度 q。

12-7　一两端简支的输气管道，已知其外径 $D=114$ mm，壁厚 $\delta=4$ mm，单位长度重量为 $q=106$ N/m，材料的弹性模量 $E=210$ GPa。设管道的许用挠度$[y]=\dfrac{l}{500}$，试确定此管道的最大跨度。

12-8　一跨度 $l=4$ m 的简支梁如图所示，受集度 $q=10$ kN/m 的均布载荷和 $F=20$ kN 的集中载荷作用。梁由两个槽钢组成。材料的弹性模量 $E=210$ GPa。设材料的许用应力$[\sigma]=160$ MPa，梁的许用挠度$[y]=\dfrac{l}{400}$。试选定槽钢的型号，并校核其刚度。梁的自重忽略不计。

12-9　一齿轮轴受力如图所示，已知 $a=100$ mm，$b=200$ mm，$c=150$ mm，$l=300$ mm；材料的弹性模量 $E=210$ GPa；轴在轴承处的许用转角$[\theta]=0.005$ rad。近似地设全轴的直径均为 $d=60$ mm，试校核轴的刚度。

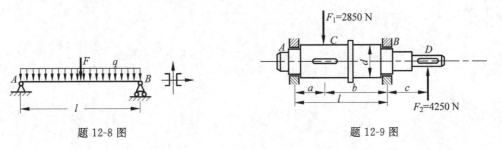

题 12-8 图　　　　　　　　题 12-9 图

12-10　用叠加法计算图示 B 截面的挠度和转角。

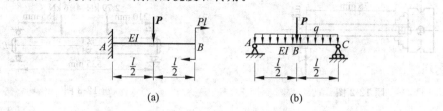

(a)　　　　　　　(b)

题 12-10 图

第13章 组合变形

13.1 组合变形与叠加原理

13.1.1 组合变形的概念

杆的轴向拉伸和压缩、扭转、弯曲称为杆的基本变形,而工程实际中的杆件,在外力作用下,往往同时产生几种基本变形。如图 13-1 所示传动轴,视皮带轮为刚体,将皮带中的拉力向轴的形心处平移,得到一个集中力和一个力偶,力偶使轴产生扭转,而集中力使轴产生弯曲变形,所以轴产生扭转和弯曲两种基本变形;图 13-2 所示塔器,在水平方向的风载荷作用下产生弯曲变形,而自重使轴产生轴向压缩,所以塔器发生的是轴向压缩和弯曲两种基本变形。

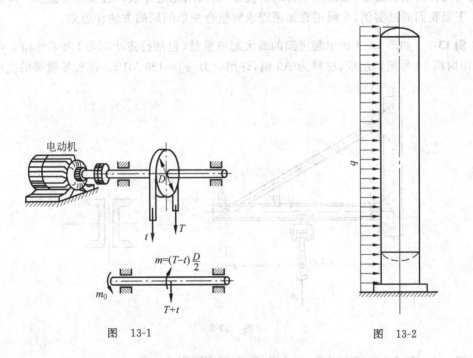

图 13-1   图 13-2

杆件同时产生两种或两种以上基本变形的情况称为**组合变形**。

杆在组合变形情况下,如果只有一种基本变形形式是主要的,我们可以略去次要的因素,按基本变形进行分析。如果各基本变形都比较重要,那么就必须按组合变形问题来考虑。

13.1.2 叠加原理

杆在组合变形下的应力和变形分析,一般可利用叠加原理。

叠加原理:实践证明,在小变形和材料服从胡克定律的前提下,杆在几个载荷共同作用下所产生的应力和变形,等于每个载荷单独作用下所产生的应力和变形的总和。

这样,当杆在外力作用下发生几种基本变形时,只要将载荷简化为一系列发生基本变形的相当载荷,分别计算杆在各个基本变形下所产生的应力和变形,然后进行叠加,就得到杆在组合变形下的应力和变形。

另外,在组合变形情况下,一般不考虑弯曲剪应力。

13.2 组合变形的应力分析

杆的组合变形形式多种多样,工程中最常遇到的是弯曲与轴向拉伸或压缩的组合变形、弯曲与扭转的组合变形,无论是哪种组合变形,解决问题的方法和过程都是完全一样的。

下面我们通过实例,介绍用叠加原理求解组合变形问题的方法和思路。

例 13-1 如图 13-3 所示起重架的最大起吊重量(包括行走小车等)为 $P = 40$ kN,横梁 AC 由两根 18 号槽钢组成,材料为 A3 钢,许用应力 $[\sigma] = 120$ MPa。试校核横梁的强度。

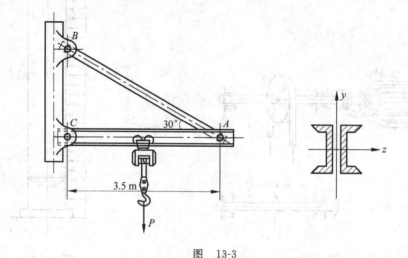

图 13-3

解:(1) 取 AC 为研究对象,受力分析,判断变形形式

AC 受力如图 13-4(a)所示,为平面一般力系。

对 AC 列平衡方程:

$$\sum M_C = 0$$

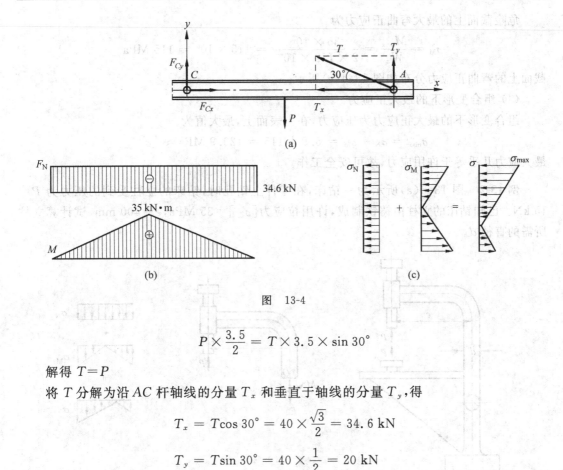

图　13-4

$$P \times \frac{3.5}{2} = T \times 3.5 \times \sin 30°$$

解得 $T = P$

将 T 分解为沿 AC 杆轴线的分量 T_x 和垂直于轴线的分量 T_y，得

$$T_x = T\cos 30° = 40 \times \frac{\sqrt{3}}{2} = 34.6 \text{ kN}$$

$$T_y = T\sin 30° = 40 \times \frac{1}{2} = 20 \text{ kN}$$

可见，T_x 和 F_{Cx} 使 AC 产生轴向压缩，而 T_y、P 和 F_{Cy} 产生弯曲变形，所以 AC 杆实际发生的是轴向压缩与弯曲的组合变形。

（2）作内力图，找出危险截面

AC 梁的轴力图和弯矩图如图 13-4(b) 所示。

从图中可以看出，在梁的中间截面上有最大弯矩，而轴力在各个截面上是相同的，所以，梁的中间截面是危险截面。

（3）基本变形下的应力分析

轴向压缩：

轴力 $F_N - T_x - 34.6 \text{ kN}$

通过查表得每根槽钢的截面面积为 $A = 29.3 \text{ cm}^2$

则横截面上的应力 $\sigma_N = \dfrac{F_N}{A} = \dfrac{34.6 \times 10^3}{2 \times 29.3 \times 10^{-4}} = 5.9 \times 10^6 = 5.9 \text{ MPa}$

截面应力分布如图 13-4(c) 所示。

弯曲应力分析：

危险截面的弯矩为 $M_{max} = T_y \times \dfrac{3.5}{2} = 20 \times \dfrac{3.5}{2} = 35 \text{ kN} \cdot \text{m}$

通过查表得每根槽钢有 $I_z = 1370 \text{ cm}^4$，$W_z = 152 \text{ cm}^3$

危险截面上的最大弯曲正应力为

$$\sigma_M = \frac{M_{max}}{W_z} = \frac{35 \times 10^3}{2 \times 152 \times 10^{-6}} = 115 \times 10^6 = 115 \text{ MPa}$$

截面上的弯曲正应力分布如图 13-4(c)所示。

（4）组合变形下的最大正应力

组合变形下的最大正应力为压应力，在上表面上，最大值为

$$\sigma_{max} = \sigma_N + \sigma_M = 5.9 + 115 = 120.9 \text{ MPa} \approx [\sigma]$$

最大应力几乎等于许用应力，故可安全工作。

例 13-2　图 13-5(a)所示为一钻床，在零件上钻孔时，钻床的立柱受到的压力为 $P = 15$ kN。已知钻床的立柱由铸铁制成，许用拉应力 $[\sigma_{拉}] = 35$ MPa，$e = 400$ mm，试计算立柱所需的直径 d。

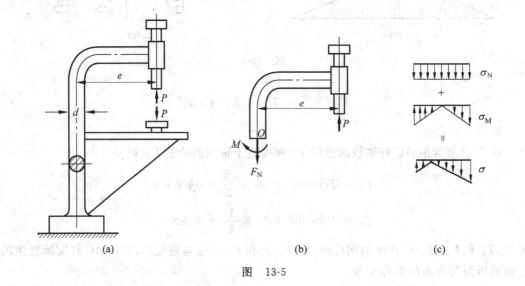

图　13-5

解：（1）内力分析，判断变形形式

用截面法求立柱横截面上的内力，如图 13-5(b)所示，横截面上的内力有两个，轴力 F_N 和弯矩 M，且有

$$F_N = P = 15 \text{ kN}$$
$$M = P \cdot e = 15 \times 0.4 = 6 \text{ kN} \cdot \text{m}$$

所以立柱发生的是轴向拉伸和弯曲的组合变形。这种情况称为偏心拉伸。

（2）应力分析

两种基本变形下横截面上的应力分布如图 13-5(c)所示。由此可见，立柱横截面上的最大拉应力为

$$\sigma_{拉\,max} = \frac{F_N}{A} + \frac{M}{W} = \frac{4F_N}{\pi d^2} + \frac{32M}{\pi d^3} = \frac{4 \times 15 \times 10^3}{\pi d^2} + \frac{32 \times 6 \times 10^3}{\pi d^3}$$

根据强度条件 $\sigma_{拉\,max} \leqslant [\sigma_{拉}]$，有

$$\frac{4 \times 15 \times 10^3}{\pi d^2} + \frac{32 \times 6 \times 10^3}{\pi d^3} \leqslant 35 \times 10^6$$

由上式可求得立柱的直径 $d \geqslant 122$ mm。

例 13-3　如图 13-6 所示,悬臂梁受到铅垂力 $P_1 = 1$ kN 和水平力 $P_2 = 2$ kN 的作用,两力都通过截面形心。试计算此梁的最大正应力。

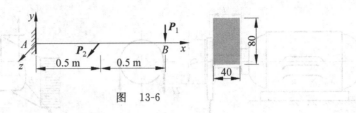

图　13-6

解:(1) 受力分析,判断组合变形形式

P_1——xy 平面内的平面弯曲;

P_2——xz 平面内的平面弯曲。

我们把这种情况称为双向弯曲,又称斜弯曲。

(2) 画内力图,确定危险截面

由图 13-7 可见,两个方向的最大弯矩均发生在 A 截面上,所以 A 截面即为危险截面。

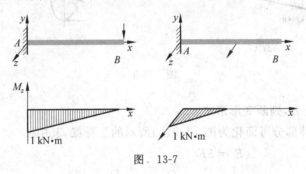

图 13-7

(3) 分析危险截面上的应力,确定危险点分别画出 A 截面在 M_z、M_y 作用下的应力分布图,如图 13-8 所示。

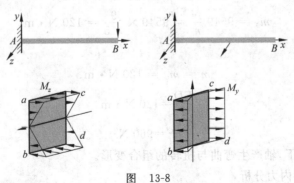

图　13-8

由图 13-8 所示,最大拉应力在 c 点;最大压应力在 b 点,所以 b、c 两点为危险点。

(4) 求危险点的应力

$$\sigma_{max} = \frac{M_{zmax}}{W_z} + \frac{M_{ymax}}{W_y} = \frac{1 \times 10^6}{\frac{1}{6} \times 40 \times 80^2} + \frac{1 \times 10^6}{\frac{1}{6} \times 80 \times 40^2} = 70.3 \text{ MPa}$$

例 13-4 如图 13-9(a)所示,电动机的功率为 9 kW,转速为 715 r/min,皮带轮直径 $D=$ 250 mm,电动机主轴外伸部分长度为 $l=120$ mm,直径 $d=40$ mm。求外伸部分根部截面 A、B 两点的应力。

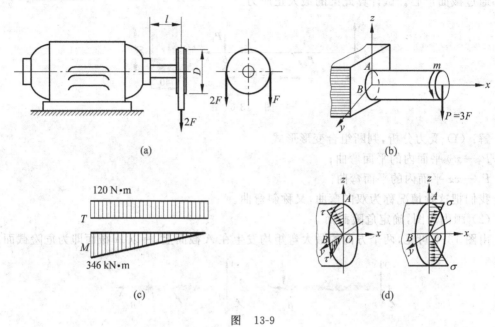

图 13-9

解:(1)分析受力,判断变形形式

电动机主轴外伸部分可简化为图 13-9(b)所示的悬臂梁,其中

$$P = 3F$$

$$m = 2F \times \frac{D}{2} - F \times \frac{D}{2} = \frac{FD}{2}$$

根据轴传递的功率和转速可求出轴所受的外力偶矩为

$$m_0 = 9549 \frac{N}{n} = 9549 \times \frac{9}{715} = 120 \, \text{N} \cdot \text{m}$$

根据轴的平衡,有

$$m = m_0 = 120 \, \text{N} \cdot \text{m}$$

则有

$$\frac{FD}{2} = 120 \, \text{N} \cdot \text{m}$$

得

$$F = 960 \, \text{N}$$

在 P 和 m 作用下,轴产生弯曲与扭转的组合变形。

(2)根部截面的内力分析

作轴的扭矩图和弯矩图如图 13-9(c)所示。根部截面上的扭矩 $T = m = 120 \, \text{N} \cdot \text{m}$,弯矩 $M = Pl = 3Fl = 3 \times 960 \times 0.12 = 346 \, \text{N} \cdot \text{m}$。

(3)应力分析

根部截面在弯曲、扭转基本变形下的应力分布如图 13-9(d)所示,由此可见,A 点既有正应力,也有剪应力,B 点只有剪应力。

A 点：

$$\sigma_A = \frac{M}{W} = \frac{346}{\frac{\pi d^3}{32}} = \frac{346 \times 32}{3.14 \times 0.04^3} = 55.1\ \text{MPa}$$

$$\tau_A = \frac{T}{W_p} = \frac{120}{\frac{\pi d^3}{16}} = \frac{120 \times 16}{3.14 \times 0.04^3} = 9.5\ \text{MPa}$$

B 点：

$$\tau_B = \frac{T}{W_p} = \frac{120}{\frac{\pi d^3}{16}} = \frac{120 \times 16}{3.14 \times 0.04^3} = 9.5\ \text{MPa}$$

习　　题

13-1　分析图示构件 AB 段的受力情况,是哪几种基本变形的组合? 并求指定截面上的内力。

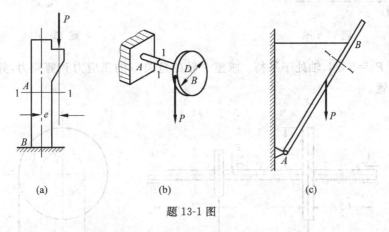

(a)　　　　　　　　(b)　　　　　　　　(c)

题 13-1 图

13-2　如图所示链条中的一环,由直径 $d=50\ \text{mm}$ 的钢杆制成。$e=60\ \text{mm}$,材料的许用正应力$[\sigma]=120\ \text{MPa}$。求拉力 P 的最大值。

13-3　已知 $P=350\ \text{kN}$,求如图所示压杆的最大正应力。

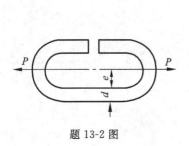

题 13-2 图

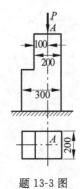

题 13-3 图

13-4　混凝土坝,高 8 m,侧面如图所示,混凝土体积重量 $\gamma = 20$ kN/m^3,如果要使坝在受水压力作用后,坝底没有拉应力,试计算最小坝宽 a。

13-5　作用在悬臂木梁上的载荷如图所示,其中 $P_1 = 800$ N,$P_2 = 1650$ N。木材的许用应力为 $[\sigma] = 10$ MPa,若矩形截面 $\dfrac{h}{b} = 2$,试确定截面尺寸。

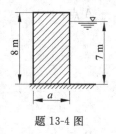

题 13-4 图

13-6　如图所示曲拐,已知圆截面部分的直径 $d = 50$ mm,求 A、B、C、D 四点的正应力和剪应力,并指明是拉应力还是压应力。

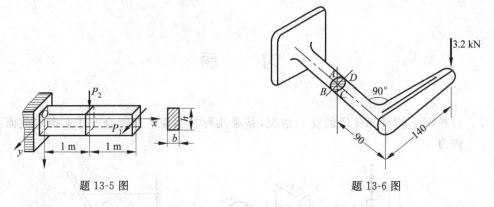

题 13-5 图　　　　　　　　　　　　题 13-6 图

13-7　已知 $P_1 = 3$ kN,轴处于平衡。求整个轴的危险点的正应力和剪应力,并指出危险点的位置。

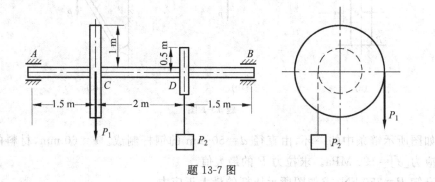

题 13-7 图

第14章 交变应力

14.1 交变应力与疲劳破坏

14.1.1 交变应力

交变应力：随时间作周期性变化的应力。

对于矿山、冶金、动力运输、机械及航空航天飞行器等，它们的很多零部件及构件都承受着随时间作周期性变化的应力，即交变应力。

例 14-1 如图 14-1(a)所示火车轮轴，承受由车厢传来的外载荷 P，在 P 力作用下，中间一段处于纯弯曲状态，且有不变的弯矩 Pa，如图 14-1(b)所示。

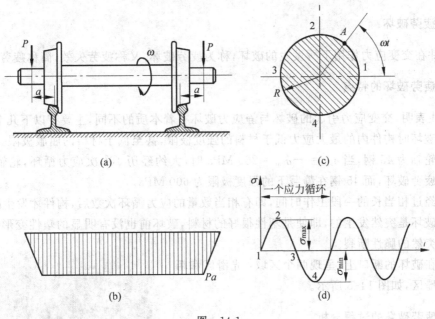

图 14-1

火车前进时，设轮轴以等角速度 ω 旋转，以中间一段某一截面上的 A 点为研究对象，如图 14-1(c)所示。

设 $t=0$ 时，A 在位置 1，应力 $\sigma_A=0$

t 时刻，$\sigma_A=\dfrac{M}{I_z}\cdot y=\dfrac{Pa}{I_z}\cdot R\cdot\sin\omega t$

可以看出，轮轴旋转一圈，A 的应力变化为 $0\rightarrow\sigma_{\max}\rightarrow0\rightarrow\sigma_{\min}\rightarrow0$，称 A 经历了一个应力循环。随着轮轴不停地旋转，A 点反复经受上述应力循环。所以 A 点受到的是随时间作周期性变化的应力,即交变应力。

例 14-2 如图 14-2(a)所示齿轮传动机构中,在啮合力作用下,齿根处的 A 点承受弯曲。齿轮每转一圈,轮齿就啮合一次,A 点就经历一个应力循环,应力循环曲线如图 14-2(b)所示。所以 A 点同样受到交变应力的作用。

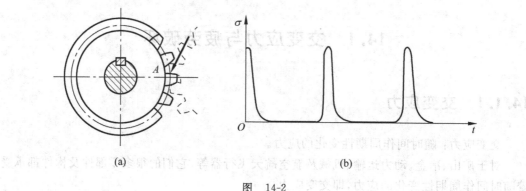

(a)   (b)

图 14-2

14.1.2 疲劳破坏

1. 疲劳破坏

构件在交变应力作用下所发生的破坏,称为疲劳破坏,又称疲劳失效,简称疲劳。

2. 疲劳破坏的特点

实践表明,交变应力引起的破坏与静应力破坏有着本质的不同,主要有以下几个特点。

- 破坏时构件内的最大应力低于材料的强度极限,甚至低于材料的屈服极限。如火车轮轴为 45 钢,当 $\sigma_{max} = -\sigma_{min} = 260$ MPa 时,大约经历 10^7 次应力循环,轮轴就发生疲劳破坏,而 45 钢在静载下的强度极限为 600 MPa。
- 经过相当长的一段工作时间,即有相当数量的应力循环次数后,构件才发生破坏。
- 破坏是突然发生的,即使是塑性很好的材料,破坏前也没有明显的塑性变形,就发生突然的脆性断裂。
- 在破坏的断口上,呈现两个区域:光滑区和粗糙区,如图 14-3 所示。

3. 疲劳破坏的过程分析

最初的经典理论认为,构件在交变应力的长期作用下,"纤维状结构"的塑性材料变成"颗粒状结构"的脆性材料,因而导致脆性断裂,并称之为"金属疲劳"。但近代金相显微镜观察的结果表明,金属材料的结构并不因交变应力而发生变化,上述解释并不正确,但"疲劳"这个词却一直沿用至今。

图 14-3

新的疲劳理论认为,疲劳破坏的过程可分为三个阶段:

(1) 裂纹源的形成。

当交变应力的大小超过一定数值时,经过多次应力循环后,构件内结构比较弱的部位及有应力集中的部位,将首先出现微观裂纹(裂纹长度一般为 $10^{-7} \sim 10^{-4}$ m),分散的微观裂纹经过集结沟通,形成宏观裂纹(裂纹长度大于 10^{-4} m),把这些宏观裂纹称为裂纹源。

(2) 宏观裂纹的扩展。

由于裂纹尖端存在着严重的应力集中,随着交变应力的循环,裂纹逐渐扩展,在扩展过程中,裂纹两边的材料时而分开,时而压紧,相互研磨,形成断口的光滑区。

(3) 脆性断裂。

随着裂纹的扩展,当截面残存部分的材料不足以承受外载荷时,构件就在某一次载荷作用下发生突然的脆性断裂,形成断口的粗糙区。

由于构件在发生疲劳破坏时没有明显的塑性变形,裂纹也不易觉察,破坏突然发生,容易造成严重事故。而统计结果表明,在各种设备零部件的断裂事故中,有大约 80% 是疲劳破坏,而航空零部件的疲劳破坏比例就更高。所以,对承受交变应力的构件必须进行疲劳强度分析,对使用期限中的构件,例如火车轮轴等,要定期进行检修。

14.2　交变应力的循环特征、应力幅和平均应力

14.2.1　交变应力的基本参数

交变应力的各个参数是影响构件疲劳破坏的很重要因素。

以如图 14-4 所示交变应力为例,来介绍交变应力的基本参数。

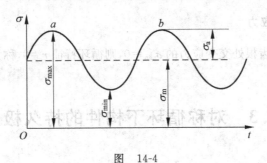

图　14-4

1. 周期

周期:一个应力循环(从 a 到 b)所用的时间。

2. 循环特征 r

循环特征 r:最小应力与最大应力的比值,即

$$r = \frac{\sigma_{\min}}{\sigma_{\max}} \tag{14-1}$$

3. 最大应力 $\sigma_{\max}$

最大应力 $\sigma_{\max}$：交变应力的最大值。

4. 最小应力 $\sigma_{\min}$

最小应力 $\sigma_{\min}$：交变应力的最小值。

5. 平均应力 σ_m

平均应力 σ_m：最大应力与最小应力代数和的二分之一，即

$$\sigma_m = \frac{\sigma_{\max} + \sigma_{\min}}{2} \tag{14-2}$$

6. 应力幅 σ_a

应力幅 σ_a：最大应力与最小应力代数差的二分之一，即

$$\sigma_a = \frac{\sigma_{\max} - \sigma_{\min}}{2} \tag{14-3}$$

14.2.2　常用的两种特殊的交变应力

1. 对称循环交变应力

如图 14-1 所示火车轮轴所受的交变应力，$\sigma_{\max} = -\sigma_{\min}$，循环特征 $r = -1$，把这种交变应力称为对称循环交变应力。

2. 脉动循环交变应力

如图 14-2(b) 所示齿根处交变应力的 $\sigma_{\min} = 0$，则循环特征 $r = 0$，称为脉动循环交变应力。

14.3　对称循环下构件的持久极限

材料在交变应力作用下的疲劳破坏与静载荷下的强度破坏完全不同，所以静载荷条件下的强度指标，如屈服极限、强度极限不能再作为疲劳强度的指标。疲劳强度指标需要通过疲劳试验重新测定。

在各种循环应力中，对称循环是最常用的，对受力构件来说也是最危险的一种交变应力。对称循环交变应力下构件疲劳强度的试验和理论分析，是各种循环应力下构件疲劳强度分析的基础。

本节以对称循环下的弯曲疲劳试验为例介绍疲劳试验的过程及疲劳强度指标的测定

过程。

14.3.1 对称循环下的弯曲疲劳试验

1. 试件

试件：将所要测定的材料加工成如图 14-5 所示、表面光滑的试件 10 根左右，把这些试件称为光滑小试件。

2. 试验原理及过程

试验原理及过程：如图 14-6 所示为疲劳试验原理示意图。试验过程中外载荷 P 不变，电动机通过主轴带动试件转动。每旋转一周，截面上的点便经历一次对称循环交变应力。

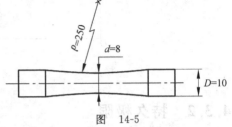

图 14-5

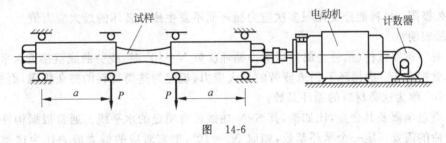

图 14-6

试验中通过调整 P，来调整交变应力的最大值 $\sigma_{\max,i}$，开动电动机带动试件转动，直至发生疲劳破坏，通过计数器记录循环次数 N_i。

第一个试件，调整最大应力 $\sigma_{\max,1} \approx 70\%\sigma_b$，循环次数 N_1；

第二个试件，令 $\sigma_{\max,2} < \sigma_{\max,1}$，循环次数 N_2；

第三个试件，令 $\sigma_{\max,3} < \sigma_{\max,2}$，循环次数 N_3；

    ⋮

第 N 个试件，令 $\sigma_{\max,N} < \sigma_{\max,N-1}$，循环次数 N_N。

3. 试验数据处理

试验数据处理：以循环次数 N 为横坐标，交变应力的最大值为纵坐标，将试验数据绘成如图 14-7 所示的曲线，称为**应力-寿命曲线**，又称 **S-N 曲线**。

4. 试验结果分析

试验结果分析：从试验曲线图 14-7 可以看出，当应力降到某一极限值时，S-N 曲线趋近于水平线。这表明：只要应力不超过这一极限值，N 可以无限增大，即试件可以经受无限多次应力循环而不会发生疲劳。这一极限值称为持久极限，用 σ_r 来表示。例如，对称循环交变应力的循环特征 $r = -1$，则对称循环交变应力下的持久极限用 σ_{-1} 来表示。

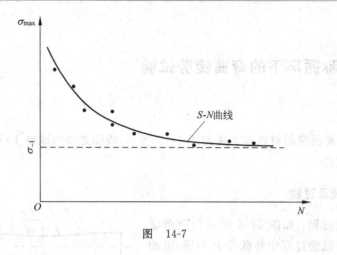

图　14-7

14.3.2　持久极限

持久极限：材料能经受无限多次应力循环而不发生疲劳破坏的最大应力值。

试验表明：

- 对于钢制试件（黑色金属），当应力循环次数 $N = 10^7$ 时，疲劳曲线就接近水平，所以，就把在 10^7 次循环下仍未疲劳的最大应力，规定为这类材料的持久极限，而把 $N_0 = 10^7$ 称为这类材料的循环基数。
- 有色金属及其合金，比如铝，其 $S\text{-}N$ 曲线没有明显的水平线。通常根据构件使用寿命的需要规定一个循环基数，如取 $N_0 = 10^8$，把它对应的最大应力作为这类材料的条件持久极限。

14.4　影响构件持久极限的主要因素

材料的持久极限是用标准试件进行测定的。而工程中实际构件的形状、尺寸、表面加工情况、工作条件等都与试验情况不同，而这些因素都对持久极限有影响。因此，将疲劳试验所得的持久极限用于实际构件时，要考虑这些因素的影响。

下面介绍影响持久极限的几种主要因素。

14.4.1　构件外形的影响

由于结构和工艺的要求，大部分实际构件的外形都是变化的，如螺纹、键槽、轴肩等，这些结构会引起应力集中，从而更容易形成疲劳裂纹，显著降低持久极限。用有效应力集中系数 k_σ 或 k_τ 来表示持久极限降低的程度，公式为

$$k_\sigma = \frac{\text{光滑试件的疲劳极限}}{\text{同尺寸有应力集中试件的持久极限}} \tag{14-4}$$

工程中为使用方便，把关于有效应力集中系数的数据整理成曲线或表格。图 14-8 给出

了钢阶梯轴在弯曲对称循环时的有效应力集中系数。

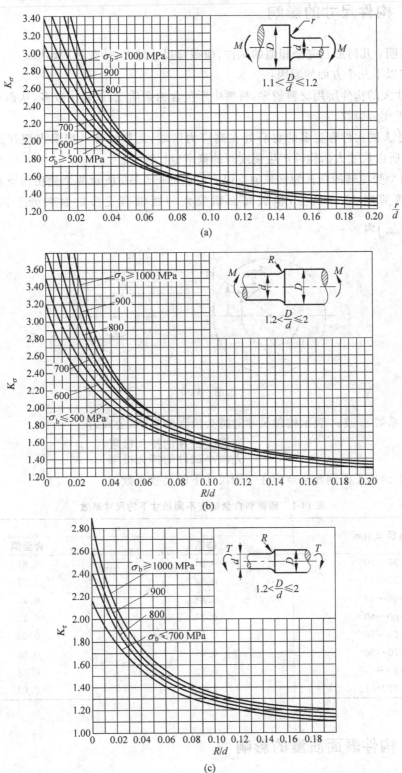

图 14-8

14.4.2　构件尺寸的影响

试验表明：几何形状完全相似的试件,横截面尺寸越大,持久极限越低。

分析有以下几个方面的原因：

- 尺寸大的构件所用材料较多,材料中所包含的杂质、裂纹就比较多,从而有更多机会形成疲劳裂纹。
- 尺寸大的构件有更多的材料处在高应力区域,而裂纹源一般都出现在高应力区域内,所以尺寸大的构件产生裂纹源的概率也比较大。

现以两个受扭转的圆轴为例来加以说明。设如图 14-9 所示两个受扭转圆轴具有相同的最大扭转剪应力,很明显,横截面面积较大的圆轴有更多的材料处于高应力区域 $\left(\dfrac{\tau_{max}}{2}\leqslant\tau\leqslant\tau_{max}\right)$ 内。

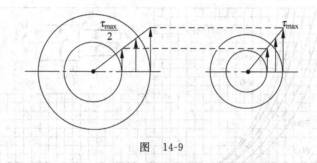

图　14-9

用尺寸系数 ε_σ 或 ε_τ 表示构件尺寸对持久极限的影响,公式为

$$\varepsilon_\sigma(\varepsilon_\tau)=\frac{\text{光滑大试件的持久极限}}{\text{光滑小试件的持久极限}}\qquad(14\text{-}5)$$

表 14-1 给出了碳钢和合金钢在不同尺寸下的尺寸系数。

表 14-1　碳钢和合金钢在不同尺寸下的尺寸系数

直径 d/mm	ε_σ	
	碳钢	合金钢
>20～30	0.91	0.83
>30～40	0.88	0.77
>40～50	0.84	0.73
>50～60	0.81	0.70
>60～70	0.78	0.68
>70～80	0.75	0.66
>80～100	0.73	0.64
>100～120	0.70	0.62

14.4.3　构件表面质量的影响

光滑小试件的表面是经过磨削加工的,实际构件的表面加工质量如果低于磨削加工,则其持久极限将降低。因为表面加工的刀痕、擦伤等都会引起应力集中,从而降低持久极限。

用表面质量系数 β 表示表面质量对持久极限的影响,公式为

$$\beta = \frac{\text{不同表面加工质量的试件的持久极限}}{\text{表面磨光的标准试件的持久极限}} \tag{14-6}$$

工程中 β 的数值同样可以通过查表获得。表 14-2 给出了不同表面粗糙度的表面质量系数。

表 14-2　不同表面粗糙度的表面质量系数

加工方法	轴的表面粗糙度	σ_b/MPa		
		400	**800**	**1200**
磨削	$\frac{0.2}{\nabla} \sim \frac{0.1}{\nabla}$	1.0	1.0	1.0
车削	$\frac{1.6}{\nabla} \sim \frac{0.4}{\nabla}$	0.95	0.9	0.8
粗车	$\frac{12.5}{\nabla} \sim \frac{3.2}{\nabla}$	0.85	0.8	0.65
未加工的表面		0.75	0.65	0.45

综合考虑上述三个方面因素的影响,实际构件的持久极限为

$$\sigma_r^0 = \frac{\varepsilon_\sigma \beta}{k_\sigma} \cdot \sigma_r \tag{14-7a}$$

或

$$\tau_r^0 = \frac{\varepsilon_\tau \beta}{k_\tau} \cdot \tau_r \tag{14-7b}$$

例如弯曲对称循环下实际构件的持久极限为

$$\sigma_{-1}^0 = \frac{\varepsilon_\sigma \beta}{k_\sigma} \cdot \sigma_{-1} \tag{14-8}$$

例 14-3　如图 14-10 所示一火车轮轴,其轴径处的结构如图所示,轴的材料为碳钢, $\sigma_b = 560\ \mathrm{MPa}$, $\sigma_{-1} = 250\ \mathrm{MPa}$,试求这段轴的弯曲持久极限。

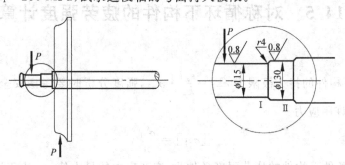

图　14-10

分析:轮轴在对称循环的交变应力下工作,其实际的持久极限为

$$\sigma_{-1}^0 = \frac{\varepsilon_\sigma \beta}{k_\sigma} \cdot \sigma_{-1}$$

所以首先要根据轮轴的实际情况求得各影响系数。

解：(1) 有效应力集中系数 k_σ。

$$\frac{r}{d} = \frac{4}{115} = 0.0348$$

$$\frac{D}{d} = \frac{130}{115} = 1.13$$

由图 14-8(a)可得

$$\sigma_b = 500 \text{ MPa}, \quad k_\sigma = 1.92$$

$$\sigma_b = 600 \text{ MPa}, \quad k_\sigma = 2.01$$

由线性插入法可得

$$\sigma_b = 560 \text{ MPa}, \quad k_\sigma = 1.92 + \frac{560 - 500}{600 - 500} \times (2.01 - 1.92) = 1.97$$

(2) 尺寸系数 ε_σ。

查表 14-1 得碳钢直径 $d = 115$ mm 时的尺寸系数为

$$\varepsilon_\sigma = 0.7$$

(3) 表面质量系数 β。

由表 14-2 查得车削加工 $\overset{0.8}{\bigtriangledown}$ 时的表面质量系数

$$\sigma_b = 400 \text{ MPa}, \quad \beta = 0.95$$

$$\sigma_b = 800 \text{ MPa}, \quad \beta = 0.90$$

由线性插入法得

$$\sigma_b = 560 \text{ MPa}, \quad \beta = 0.90 + \frac{800 - 560}{800 - 400} \times (0.95 - 0.9) = 0.93$$

(4) 轮轴的实际持久极限。

轮轴的实际持久极限为

$$\sigma_{-1}^0 = \frac{\varepsilon_\sigma \beta}{k_\sigma} \cdot \sigma_{-1} = \frac{0.7 \times 0.93}{1.97} \times 250 = 82.61 \text{ MPa}$$

14.5　对称循环下构件的疲劳强度计算

对称循环下构件的持久极限为 $\sigma_{-1}^0 = \frac{\varepsilon_\sigma \beta}{k_\sigma} \cdot \sigma_{-1}$，强度分析时要考虑安全储备，所以引入安全系数 n，得许用应力

$$[\sigma_{-1}] = \frac{\sigma_{-1}^0}{n} \tag{14-9}$$

所以，对称循环条件下构件的疲劳强度条件为，交变应力的最大值 σ_{max} 小于许用应力，即有

$$\sigma_{max} \leqslant [\sigma_{-1}] = \frac{\sigma_{-1}^0}{n} \tag{14-10}$$

将强度条件用安全系数表示

$$n_\sigma = \frac{\sigma_{-1}^0}{\sigma_{max}} \geqslant n \tag{14-11}$$

n_σ 为构件持久极限与最大工作应力的比值，代表构件工作时的安全储备，称为工作安全系

数，n 为规定的安全系数。

把式(14-8)代入式(14-11)，得疲劳强度条件

$$n_\sigma = \frac{\sigma_{-1}}{\dfrac{k_\sigma}{\varepsilon_\sigma \beta}\sigma_{\max}} \geqslant n \qquad (14\text{-}12\text{a})$$

如果为扭转交变应力，公式应写为

$$n_\tau = \frac{\tau_{-1}}{\dfrac{k_\tau}{\varepsilon_\tau \beta}\sigma_{\max}} \geqslant n \qquad (14\text{-}12\text{b})$$

例 14-4 旋转碳钢轴上，作用一不变的力偶 $M=0.8\ \text{kN} \cdot \text{m}$，轴表面经过精车，$\sigma_b=600\ \text{MPa}$，$\sigma_{-1}=250\ \text{MPa}$，规定 $n=1.9$，试校核轴的强度。

解：(1) 确定危险点应力及循环特征。

$$\sigma_{\max} = \frac{M}{W} = -\sigma_{\min} = \frac{800 \times 32}{0.05^3 \pi} = 65.2\ \text{MPa}$$

$$r = \frac{\sigma_{\min}}{\sigma_{\max}} = -1$$

为对称循环交变应力

(2) 查图表求各影响系数，计算构件持久限。

$$\frac{D}{d} = 1.4, \quad \frac{R}{d} = 0.15, \quad \sigma_b = 600\ \text{MPa}$$

查图 14-8(b)，得 $K_\sigma \approx 1.38$
查表 14-1 得 $\varepsilon_\sigma \approx 0.84$
表面精车，$\beta = 0.925$

$$n_\sigma = \frac{\sigma_{-1}}{\dfrac{k_\sigma}{\varepsilon_\sigma \beta}\sigma_{\max}} = \frac{250 \times 10^6}{\dfrac{1.38}{0.84 \times 0.925} \times 65.2 \times 10^6} = 2.16$$

(3) 强度校核。

$n_\sigma > n$ 所以安全。

14.6　提高构件抗疲劳能力的措施

所谓提高构件的抗疲劳能力，就是提高构件实际的持久极限。由公式

$$\sigma_r^0 = \frac{\varepsilon_\sigma \beta}{k_\sigma} \cdot \sigma_r$$

可以看出，欲提高构件的持久极限，需要从降低应力集中、提高构件表面质量等方面入手。

14.6.1 采用合理的结构形式,减缓应力集中

合理的结构形式,包括尽量避免出现方形或带有尖角的孔和槽;在横截面尺寸突然改变的地方,如轴肩,采用如图 14-11 所示的圆弧作过渡,而且过渡圆角越大越好。

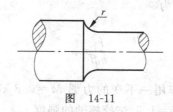

图 14-11

14.6.2 提高构件表面质量,以提高构件的持久极限

为了提高构件的表面质量,一是可以通过提高加工精度,使用中尽量避免构件表面的机械损伤;二是在最大应力所在表面采用某些工艺措施。如表面热处理和化学处理,包括高频淬火、氮化、渗碳和氰化,强化构件表面;或对表面层用滚压、喷丸等冷加工方法。

这些方法的共同特点是使构件表层产生残余应力,减少表面出现细微裂纹的机会,从而达到提高持久极限的目的。

但在采用这些方法时,一定要严格控制工艺过程,否则会适得其反。

习 题

14-1 交变应力的概念,交变应力和静应力的不同。

14-2 疲劳的概念和特点。

14-3 疲劳破坏的过程简介。

14-4 持久极限的概念,影响持久极限的主要因素是什么?

14-5 如何提高构件的持久极限?

14-6 图示疲劳钢制构件,其强度极限 $\sigma_b = 600$ MPa,承受对称循环的扭矩作用,试确定夹持部分的有效应力集中系数。构件表面经过磨削加工。

14-7 图示钢轴,承受对称循环的弯曲应力作用,$D = 80$ mm,$d = 50$ mm,$R = 1.5$ mm,材料为合金钢,其强度极限为 $\sigma_b = 1200$ MPa,构件表面经过粗车加工,规定 $n = 2$,试校核轴的疲劳强度。

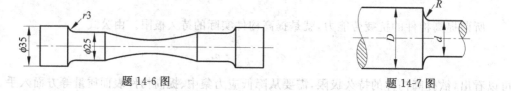

题 14-6 图

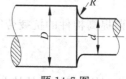

题 14-7 图

第15章 压杆稳定

在前面的讨论中,关于构件的破坏,主要是从强度和刚度两个方面来研究的。工程中有些构件具有足够的强度、刚度,却不一定能安全可靠地工作,如桁架结构中的抗压杆(见图15-1)、磨床液压装置的活塞杆(见图15-2)、内燃机的连杆(见图15-3)等这些承受轴向压缩的细长杆件,都存在着压杆的稳定性问题。

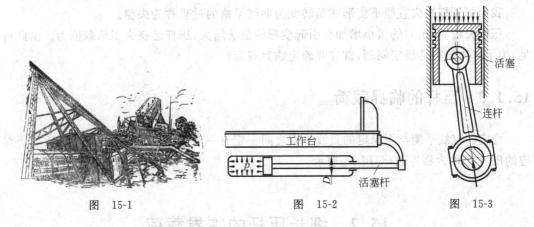

图 15-1　　　　　　图 15-2　　　　　　图 15-3

除压杆外,薄壁容器在特定的受力情况下,也存在着稳定性问题。本章只讨论压杆的稳定问题,以此介绍稳定的基本概念和求解方法。

15.1　压杆稳定的概念

15.1.1　压杆的定义

承受轴向压缩的杆称为压杆。压杆的破坏除了前面我们所讲过的强度破坏,还有一种破坏形式,那就是屈曲或称为失稳。所谓屈曲是指杆发生侧向弯曲。通常情况下,屈曲将导致构件失效。由于这种失效具有突发性,常给工程带来灾难性后果。

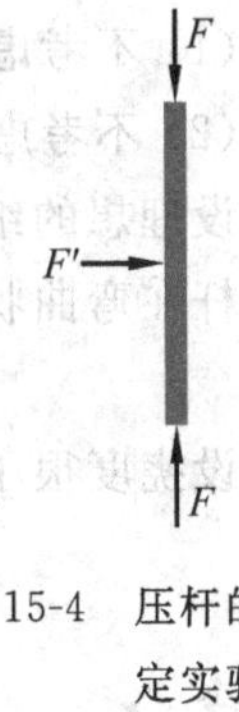

15.1.2　压杆的失稳

我们在本章中只研究理想压杆的稳定性问题。理想压杆的条件是:

材料均匀;轴线是理想直线;压力作用线与轴线重合。

对细长的理想压杆,进行如图15-4所示的实验。

图15-4　压杆的稳定实验

  F 从 0 开始逐渐增大,当 F 较小时,杆保持直线平衡。这时给压杆一小的横向干扰力 F',使压杆发生微弯,再撤除干扰力,我们发现,压杆又回到了原来的直线平衡形式,我们称原来的直线平衡形式是稳定的,简称**压杆稳定**。

  F 继续增大,重复上述过程。

  可以发现,当增大到一定数值时,压杆仍保持直线平衡形式,但在干扰力作用下产生弯曲后,即使撤除横向干扰力,压杆却不能回到原来的直线平衡状态,我们称此时的直线平衡形式是不稳定的,简称**压杆不稳定**。

  这表明,在压力 F 作用下的压杆,当 F 小于一定数值时,压杆只能处于直线平衡形式;当 F 大于一定数值时,压杆可能处于直线平衡形式,也可能处于曲线平衡形式。

  我们把压杆丧失直线平衡形式而转变为曲线平衡的过程称为**失稳**。

  压杆失稳后,压力的微小增加将引起变形的显著增大,压杆已丧失了承载能力。由此可见,为了解决压杆的稳定问题,首先要确定临界载荷。

15.1.3　压杆的临界载荷

  稳定的直线平衡与不稳定的直线平衡之间一定有一个临界状态,我们把临界状态所对应的压力 F 称为临界载荷,用 F_{cr} 表示。

15.2　细长压杆的临界载荷

15.2.1　两端铰支细长压杆的临界载荷

  压杆的临界压力受多种因素影响,如截面形状和尺寸、长度、材料等,其中约束是很重要的一个因素。约束情况不同的压杆,其临界载荷的公式也不同。两端铰支压杆是实际工程中最常见的情况。如桁架结构中的抗压杆、内燃机的连杆(见图 15-3)等,都可简化为两端铰支杆。

  下面以两端铰支细长压杆为例,说明求临界载荷的基本方法。

  为简化分析,并且为了得到可应用于工程的、简明的表达式,作如下简化:

  (1) 不考虑剪切变形;

  (2) 不考虑杆的轴向变形。

  设理想的细长压杆在轴向力 F 作用下处于微弯的临界状态,选取坐标系如图 15-5 所示。杆在弯曲状态下,距下端为 x 的任一截面的弯矩为

$$M(x) = -Fy \qquad (15\text{-}1)$$

设挠度很小,可利用挠曲线的近似微分方程,得

$$y'' = \frac{M}{EI} = -\frac{Fy}{EI} \qquad (15\text{-}2)$$

令

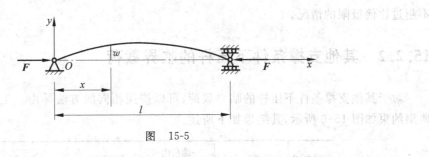

图　15-5

$$k^2 = \frac{F}{EI} \tag{15-3}$$

得

$$y'' + k^2 y = 0 \tag{15-4}$$

这是一个二阶常系数微分方程,其通解为

$$y = A\sin kx + B\cos kx \tag{15-5}$$

其中 A、B 为积分常数,需要根据边界条件确定。

杆的边界条件为

$x=0$ 和 $x=l$ 时,挠度为零,即

$$y(0) = y(l) = 0$$

代入方程,得

$$\left. \begin{array}{l} A \times 0 + B = 0 \\ A\sin kl + B\cos kl = 0 \end{array} \right\} \tag{15-6}$$

解得 $B=0$,$A\sin kl = 0$

A 等于零与实际不符,因此得

$$\sin kl = 0$$

所以

$$kl = n\pi$$

即

$$k = \frac{n\pi}{l}, \quad n = 0,1,2,3,\cdots$$

所以得

$$\frac{F_{cr}}{EI} = \frac{n^2 \pi^2}{l^2} \tag{15-7}$$

$$F_{cr} = \frac{n^2 \pi^2 EI}{l^2}, \quad n = 0,1,2,3,\cdots \tag{15-8}$$

具有实际意义的临界压力 F_{cr} 一定是最小压力,所以取 $n=1$,得两端铰支细长压杆的临界压力公式即欧拉公式为

$$F_{cr} = \frac{\pi^2 EI}{l^2} \tag{15-9}$$

根据两端约束的特点,杆可以在平行于轴线的任意纵向平面内发生弯曲,而实际弯曲变形一定发生在抗弯曲能力最小的纵向平面内。所以,式(15-9)中的 I 应是横截面的最小惯性矩。

应该指出,以上推导是在利用挠曲线近似微分方程的基础上得到的,只适用于杆内应力

不超过比例极限的情况。

15.2.2　其他支撑条件下压杆的临界载荷

对于其他支撑条件下压杆的临界载荷,可以按照相同的方法导出。工程中常见的几种典型约束如图 15-6 所示,其结果如下所述。

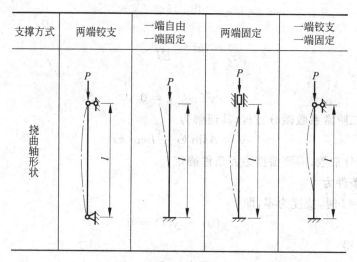

支撑方式	两端铰支	一端自由一端固定	两端固定	一端铰支一端固定
挠曲轴形状				

图　15-6

一端固定、一端自由的压杆,其临界压力公式为

$$F_{cr} = \frac{\pi^2 EI}{(2l)^2} \tag{15-10}$$

两端固定的压杆,其临界压力公式为

$$F_{cr} = \frac{\pi^2 EI}{(0.5l)^2} \tag{15-11}$$

一端固定、一端铰支的压杆,其临界压力公式为

$$F_{cr} \approx \frac{\pi^2 EI}{(0.7l)^2} \tag{15-12}$$

综合比较式(15-9)、式(15-10)、式(15-11)及式(15-12)可以看出,它们在形式上是相似的,把它们合并成一个公式,得到欧拉公式的一般形式:

$$F_{cr} = \frac{\pi^2 EI}{(\mu l)^2} \tag{15-13}$$

其中,μ 称为长度系数,其取值完全取决于压杆两端的支撑情况。现将其列表如表 15-1 所示。

表 15-1　压杆的长度系数 μ

压杆的约束条件	长度系数	压杆的约束条件	长度系数
两端铰支	1	两端固定	0.5
一端固定,一端自由	2	一端固定,一端铰支	0.7

以上只是几种典型约束,实际工程中压杆的支撑情况多种多样,其相应的长度系数可从有关的设计手册或规范中查到。

在此,需要注意的是:

(1) 压杆失稳一定在最小刚度平面内。如果压杆在各个纵向平面内支撑情况相同(如自由端、球形铰、固定端),则失稳一定在最小惯性平面内,即计算公式中的惯性矩 I 应为压杆横截面的最小惯性矩;如果压杆在各个纵向平面内支撑情况不同(如柱形铰链),则不同失稳平面的长度系数不同,因此计算时需要综合考虑约束和惯性矩,通过计算,确定失稳平面。

(2) 对于局部截面削弱的压杆(例如杆上开有小孔或小槽等,见图 15-7),在计算截面面积和惯性矩时,采用没有削弱截面的数据,因为压杆的稳定性,是压杆的一个整体能力,局部截面的削弱,并不明显地影响整个压杆的临界载荷,其影响可以通过下一节所讲的安全系数体现。

例 15-1　求如图 15-8 所示细长压杆的临界压力。

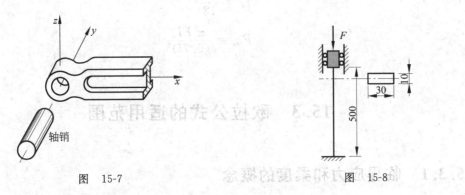

图　15-7　　　　　　　　　　　　　　图　15-8

解:压杆两端固定,所以 $\mu=0.5$。

由于压杆在各个纵向平面内的支撑情况相同,所以在最小惯性平面内失稳,对于矩形截面,两个对称轴分别是最大和最小惯性矩轴。所以

$$I_{\min}=\frac{50\times10^3}{12}\times10^{-12}=4.17\times10^{-9}\ \mathrm{m^4}$$

$$P_{\mathrm{cr}}=\frac{\pi^2 I_{\min}E}{(\mu_1 l)^2}=\frac{\pi^2\times4.17\times200}{(0.5\times0.5)^2}=131.57\ \mathrm{kN}$$

例 15-2　求如图 15-9 所示细长压杆的临界压力,z、y 为截面的形心主惯性轴(横截面上具有最大和最小惯性矩的轴)。

解:压杆一端固定,$\mu=2$,且在各个纵向平面内支撑情况相同

查表:

$$I_{\min}=I_y=3.89\times10^{-8}\ \mathrm{m^4}$$

$$P_{\mathrm{cr}}=\frac{\pi^2 I_{\min}E}{(\mu_2 l)^2}=\frac{\pi^2\times0.389\times200}{(2\times0.5)^2}=76.8\ \mathrm{kN}$$

(45×45×6)
等边角钢

图　15-9

例 15-3　求如图 15-10 所示细长压杆的临界压力。

解:压杆为柱形铰链,在各个纵向平面内的支撑情况不同,因此要综合考虑约束和惯性矩。

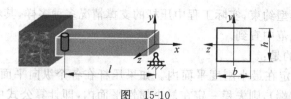

图 15-10

（1）xz 平面内，两端铰支，$\mu=1.0$。

$$I_y = \frac{hb^3}{12}$$

$$P_{cry} = \frac{4\pi^2 EI_y}{l^2} = \frac{\pi^2 EI}{(l/2)^2}$$

（2）xy 平面内，一端固定、一端铰支，$\mu=0.7$。

$$I_z = \frac{bh^3}{12}$$

$$F_{crz} = \frac{\pi^2 EI_z}{(0.7l)^2}$$

15.3   欧拉公式的适用范围

15.3.1   临界应力和柔度的概念

前面建立了细长压杆的临界载荷公式，为便于计算，现引入临界应力的概念。

将临界载荷 F_{cr} 除以压杆的横截面面积 A，所得应力称为压杆的临界应力，并用 σ_{cr} 表示。根据式（15-13），对于细长压杆，其临界应力为

$$\sigma_{cr} = \frac{F_{cr}}{A} = \frac{\pi^2 EI}{(\mu l)^2 A} = \frac{\pi^2 E}{(\mu l)^2} \cdot \frac{I}{A} \tag{15-14}$$

比值 I/A 是一个只与横截面形状和尺寸有关的几何量，将其用 i^2 表示，则有

$$i = \sqrt{\frac{I}{A}}$$

i 称为惯性半径，具有长度单位。

所以式（15-14）写为

$$\sigma_{cr} = \frac{\pi^2 E}{(\mu l/i)^2} \tag{15-15}$$

式中分母综合反映了压杆的长度、约束方式和截面；令 $\lambda = \dfrac{\mu l}{i}$，称 λ 为压杆的柔度或细长比，是一个无量纲的量。

则公式写为

$$\sigma_{cr} = \frac{\pi^2 E}{\lambda^2} \tag{15-16}$$

式(15-16)称为欧拉临界应力公式。从公式可以看出,对于材料一定的细长压杆,其临界应力只与柔度 λ 有关,柔度 λ 越大,临界应力越低。

15.3.2 欧拉公式的适用范围

以上建立了计算临界载荷和临界应力的欧拉公式。由于这些公式都是根据挠曲线微分方程建立的,而该方程只适用于杆内应力不超过比例极限的情况,所以欧拉公式的适用范围是:

$$\sigma_{cr} = \frac{\pi^2 E}{\lambda^2} \leqslant \sigma_p$$

即

$$\lambda \geqslant \sqrt{\frac{\pi^2 E}{\sigma_p}} \tag{15-17}$$

$\sqrt{\frac{\pi^2 E}{\sigma_p}}$ 只与材料的弹性模量 E 和比例极限 σ_p 有关,是一个完全取决于材料的材料常数,令

$$\lambda_1 = \sqrt{\frac{\pi^2 E}{\sigma_p}} \tag{15-18}$$

则式(15-17)写为

$$\lambda \geqslant \lambda_1$$

即为欧拉公式的适用范围。我们把满足 $\lambda \geqslant \lambda_1$ 的压杆,称为大柔度杆。即欧拉公式只适用于大柔度杆,又称为细长杆。

15.3.3 中柔度杆的临界应力

当压杆的柔度小于 λ_1 时,不能用欧拉公式求临界应力,通常按经验公式进行计算。这些公式都是根据实验结果建立的。常见的经验公式有直线型公式和抛物线型公式等。计算临界应力的直线型经验公式为

$$\sigma_{cr} = a - b\lambda \tag{15-19}$$

其中 a、b 为材料常数,由实验测定,通过查表获得。几种常用材料的 a、b 如表 15-2 所示。

表 15-2 直线公式的系数 a 和 b

材　料	σ_b, σ_s/MPa	a/MPa	b/MPa
Q235 钢	$\sigma_b \geqslant 372$ $\sigma_s = 235$	304	1.12
优质碳钢	$\sigma_b \geqslant 471$ $\sigma_s = 306$	461	2.568
硅钢	$\sigma_b \geqslant 510$ $\sigma_s = 353$	578	3.744

15.3.4   经验公式的适用范围

柔度很小的短柱,具有较大的临界载荷,压杆中的应力首先达到屈服极限而发生强度破坏,此时的压杆不存在失稳的问题,所以经验公式所计算的临界应力还应满足

$$\sigma_{cr} = a - b\lambda \leqslant \sigma_s$$

由此解得

$$\lambda \geqslant \frac{a - \sigma_s}{b}$$

$\dfrac{a - \sigma_s}{b}$ 也是一个完全取决于材料的材料常数,令

$$\lambda_2 = \frac{a - \sigma_s}{b} \tag{15-20}$$

所以经验公式的适用范围是

$$\lambda_2 \leqslant \lambda \geqslant \lambda_1 \tag{15-21}$$

我们把满足此条件的杆称为中柔度杆,发生强度破坏的杆称为小柔度杆,又叫短粗杆。

将以上讨论总结如下:

(1) 压杆失稳将发生在具有最大柔度的面内;

(2) 对应所有的压杆,都有两个材料常数:

$$\lambda_1 = \sqrt{\frac{\pi^2 E}{\sigma_p}} \quad 和 \quad \lambda_2 = \frac{a - \sigma_s}{b}$$

对于每一个压杆,本身存在一个最大柔度 $\lambda = \dfrac{\mu l}{i}$。

① 当 $\lambda \geqslant \lambda_1$ 时,称为大柔度杆,用欧拉公式计算临界压力、临界应力;

② 当 $\lambda_2 \leqslant \lambda \leqslant \lambda_1$ 时,称为中柔度杆,用经验公式计算临界压力、临界应力;

③ 当 $\lambda < \lambda_2$ 时,称为小柔度杆,小柔度杆发生强度破坏。

将上述总结用图 15-11 表示出来,称为临界应力总图。

例 15-4   如图 15-12 所示压杆,$l = 1$ m,材料为 A3 钢,$E = 200$ GPa,截面面积 $A = 900$ mm²,为空心圆截面,求压杆的临界应力。

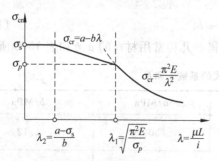

图 15-11   临界应力总图   图   15-12

解:(1) 计算材料常数

对于 A3 钢,查表得:$\sigma_p = 197$ MPa

$$\lambda_1 = \sqrt{\frac{\pi^2 E}{\sigma_p}} = \sqrt{\frac{3.14^2 \times 200 \times 10^9}{197 \times 10^6}} = 100$$

（2）计算杆的柔度

压杆两端铰支，$\mu = 1$。

$$A = \frac{\pi}{4}(D^2 - d^2) = \frac{\pi D^2}{4}\left[1 - \left(\frac{d}{D}\right)^2\right] = 900 \text{ mm}^2$$

解得 $D = 47.4$ m

$$惯性半径 \; i = \sqrt{\frac{I}{A}} = \sqrt{\frac{\pi(D^4 - d^4)/64}{A}} = 14.46 \text{ mm}$$

$$杆的柔度 \; \lambda = \frac{\mu l}{i} = \frac{1 \times 1}{14.46 \times 10^{-3}} = 69.16$$

$\lambda < \lambda_1$，所以不是大柔度杆。

（3）判断压杆是否为中柔度杆

对于 A3 钢，查表得：$a = 304$ MPa，$b = 1.12$ MPa，$\sigma_s = 235$ MPa

$$\lambda_2 = \frac{a - \sigma_s}{b} = \frac{304 - 235}{1.12} = 61.1$$

$\lambda_2 < \lambda < \lambda_1$，所以是中柔度杆，用经验公式求临界应力。

（4）用经验公式求临界应力

$$\sigma_{cr} = a - b\lambda = 304 - 1.12 \times 69.16 = 226.5 \text{ MPa}$$

例 15-5　如图 15-13 所示起重机，AB 杆为圆松木，A、B 端为销钉约束，AB 杆长 $L = 6$ m，$[\sigma] = 11$ MPa，直径 $d = 0.3$ m，坐标系如图所示，判断 AB 杆的失稳平面。

解：

$$i = \sqrt{\frac{I}{A}} = \sqrt{\frac{\pi d^4 / 64}{\pi d^2 / 4}} = \frac{d}{4}$$

xy 面内两端铰支，$\mu = 1.0$

$$\lambda_{xy} = \frac{\mu L}{i} = \frac{1 \times 6 \times 4}{0.3} = 80$$

xz 面内两端固定，$\mu = 0.5$

$$\lambda_{xy} = \frac{\mu L}{i} = \frac{0.5 \times 6 \times 4}{0.3} = 40$$

所以失稳平面是 xy 平面。

例 15-6　如图 15-14 所示立柱，$L = 6$ m，由两根 10 号槽钢组成，下端固定，上端为球铰支座，试问 a 为何值时最合理，立柱的临界压力为多少？$E = 200$ GPa，$\sigma_p = 200$ MPa。

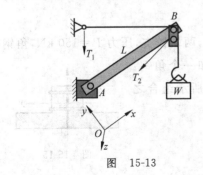

图　15-13

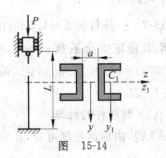

图　15-14

解：对于单个 10 号槽钢，形心在 C_1 点。

$$A_1 = 12.74 \text{ cm}^2, \quad z_0 = 1.52 \text{ cm},$$

$$I_{z1} = 198.3 \text{ cm}^4, \quad I_{y1} = 25.6 \text{ cm}^4$$

两根槽钢如图 15-14 所示组合之后

$$I_z = 2I_{z1} = 2 \times 198.3 = 396.6 \text{ cm}^4$$

$$I_y = 2[I_{y1} + A_1(z_0 + a/2)^2] = 2 \times [25.6 + 12.74 \times (1.52 + a/2)^2]$$

即 $189.3 = 25.6 + 12.74(1.52 + a/2)^2$ 时合理。

合理的 $a = 4.32$ cm

求临界压力：

$$\lambda_1 = \sqrt{\frac{\pi^2 E}{\sigma_p}} = \sqrt{\frac{\pi^2 \times 200 \times 10^9}{200 \times 10^6}} = 99.3$$

$$\lambda = \frac{\mu L}{i} = \frac{0.7 \times 6}{\sqrt{\dfrac{I_z}{2 \times A_1}}} = \frac{0.7 \times 6}{\sqrt{\dfrac{396.6 \times 10^{-8}}{2 \times 12.74 \times 10^{-4}}}} = 106.5$$

大柔度杆，由欧拉公式求临界力：

$$P_{cr} = \frac{\pi^2 EI}{(\mu l)^2} = \frac{\pi^2 \times 200 \times 396.6 \times 10}{(0.7 \times 6)^2} = 443.8 \text{ kN}$$

15.4 压杆的稳定性设计

15.4.1 压杆的稳定条件

理论上，压杆稳定，不发生失稳的条件是实际压力小于临界压力，即 $F < F_{cr}$。实际问题中，为了保证安全，要有一定的安全储备，为此引入稳定安全系数，所以稳定条件是

$$n = \frac{F_{cr}}{F} \geqslant n_{st}$$

其中，n 为工作安全系数；n_{st} 为规定的稳定安全系数，即安全工作所必需的安全系数。一般可从设计手册中查到。

注意：当压杆的局部有截面削弱时，I 和 A 按没有削弱的截面计算。削弱部分的影响体现在 n_{st} 中。另外，安全系数的选择还应考虑到实际压杆的初始弯曲程度及加载偏心情况等各种不良因素。

例 15-7 一压杆长 $L = 1.5$ m，由两根等边角钢组成，两端铰支，压力 $P = 150$ kN，角钢为 A3 钢，其稳定安全系数 $n_{st} = 2$，校核其稳定性。已知一个角钢：$A_1 = 8.367 \text{ cm}^2$，$I_{y1} = 23.63 \text{ cm}^4$。两根角钢如图 15-15 所示组合之后，存在 $I_y < I_z$。

解：(1) 判断杆的种类

对 A3 钢，由前面例题可知，$\lambda_1 = 100$

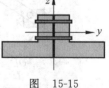

图 15-15

$$I_{\min} = I_y = 2I_{y1} = 2 \times 23.63 = 47.26 \text{ cm}^4$$

$$i = \sqrt{\frac{I_{\min}}{A}} = \sqrt{\frac{47.26}{2 \times 8.367}} = 1.68 \text{ cm}$$

$$\lambda = \frac{\mu l}{i} = \frac{150}{1.68} = 89.3 < \lambda_1$$

所以,不是大柔度杆。

对于 A3 钢,查表得:$a = 304 \text{ MPa}$,$b = 1.12 \text{ MPa}$,$\sigma_s = 235 \text{ MPa}$

$$\lambda_2 = \frac{a - \sigma_s}{b} = \frac{304 - 235}{1.12} = 61.1$$

$\lambda_2 < \lambda < \lambda_1$,所以是中柔度杆,用经验公式求临界应力。

（2）用经验公式求临界应力

$$\sigma_{cr} = a - b\lambda = 304 - 1.12 \times 89.3 = 203 \text{ MPa}$$

$$P_{cr} = A\sigma_{cr} = 2 \times 8.367 \times 10^{-4} \times 203 \times 10^6 = 341 \text{ kN}$$

所以工作安全系数　　　$n = \dfrac{P_{cr}}{P} = \dfrac{341}{150} = 2.27 > n_{st}$

所以压杆安全。

15.4.2　提高压杆稳定性的措施

提高压杆的稳定性,就是在不增加材料的前提下,提高临界压力和临界应力。根据公式(15-14),提高压杆的稳定性,应从减小 μ,增加 E、I 方面考虑。

1. 选择合理的截面形状

选择合理截面形状的目的有两个:一是提高截面的惯性矩 I;二是使压杆在所有的平面内有相同的柔度。为此,可采取的具体措施有:

（1）在截面面积一定的前提下,尽量让材料远离形心;

（2）根据柔度公式 $\lambda = \dfrac{\mu l}{i}$,如果压杆在不同的截面内有相同的约束,则选择 i 值相同的截面、如圆截面、正方形截面;如果压杆在不同的截面内有不同的约束,则选择 i 值不同的截面,使压杆在不同的截面柔度变化不大。

2. 加强约束,减小 μ 值

压杆的约束条件直接影响临界载荷的大小,从前面的讨论可以看出,随着约束的不断加强,如从两端铰支改变为一端铰支、一端固定,长度系数 μ 由 1 减小为 0.7,从而减小了柔度,增大了临界应力和临界载荷。

15.4.3　合理选择材料

由公式(15-15)可以看出,细长压杆的临界应力与材料的弹性模量 E 有关,因此选择弹性模量较高的材料,可以提高细长压杆的稳定性。然而,由于各种钢材的弹性模量相差不大,因此仅从稳定性上考虑,选用高强度钢作细长压杆是不必要的。

中柔度压杆,无论从经验公式还是理论分析,都说明临界应力与材料的强度有关,优质钢材在一定程度上可以提高临界应力的数值。

习　　题

15-1　大柔度杆在临界状态时,临界应力 σ_{cr} 与材料比例极限 σ_p 之间是什么关系? 中柔度杆在临界状态时,临界应力 σ_{cr} 与材料比例极限 σ_p 、屈服极限 σ_s 之间是什么关系?

15-2　两端铰支圆截面细长压杆,在某一截面上开有一小孔。关于这一小孔对压杆承载能力的影响,有以下 4 种论述,试判断哪一种是正确的。(　　)

(A) 对强度和稳定承载能力都有较大削弱;

(B) 对强度和稳定承载能力都不会削弱;

(C) 对强度无削弱,对稳定承载能力有较大削弱;

(D) 对强度有较大削弱,对稳定承载能力削弱极微。

15-3　提高钢制大柔度压杆承载能力有如下方法,试判断哪一种是最正确的。(　　)

(A) 减少杆长,减少长度系数,使压杆沿截面两形心主轴方向的柔度相等;

(B) 增加横截面面积,减少杆长;

(C) 增加惯性矩,减少杆长;

(D) 采用高强度钢。

15-4　试以压杆为例,略述弹性平衡的稳定和不稳定的区别。稳定性的问题为什么重要?

15-5　如图所示压杆, $l = 1\ \text{m}$, $b = 1.5a$,材料为 A3 钢, $E = 200\ \text{GPa}$,截面面积 $A = 1500\ \text{mm}^2$,求压杆的临界应力 。

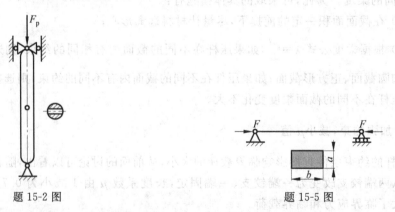

題 15-2 图　　　　　　　　　　　題 15-5 图

15-6　图示蒸气机的活塞杆 AB ,所受压力 $F = 120\ \text{kN}$, $l = 180\ \text{mm}$,横截面为圆形,直径 $d = 7.5\ \text{cm}$,材料为 Q235 钢, $E = 210\ \text{GPa}$, $\sigma_p = 240\ \text{MPa}$,规定 $n_{st} = 8$,试校核活塞杆的稳定性。

15-7　何谓压杆的长度系数? 何谓相当长度? 何谓柔度? 支承情况不同的压杆,长度系数有何不同?

15-8 某厂自制的简易起重机如图所示,其压杆 BD 为 20 号槽钢,材料为 Q235 钢。起重机的最大起重量 $W = 40$ kN。若规定的稳定安全因数 $n_{st} = 5$,试校核 BD 杆的稳定性。

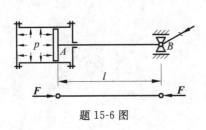

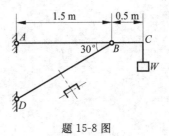

题 15-6 图   题 15-8 图

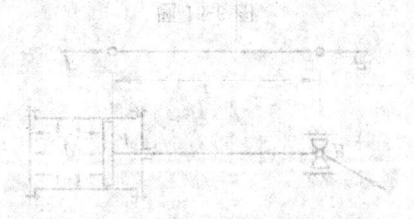

实　　验

实验一 材料的拉伸实验

一、实验目的

(1) 测定低碳钢的屈服极限(流动极限)σ_s,强度极限 σ_b,延伸率 δ 和断面收缩率 ψ。

(2) 测定铸铁的强度极限 σ_b。

(3) 观察拉伸过程中的各种现象,绘制拉伸图(P-Δl 曲线)。

(4) 比较低碳钢(塑性材料)与铸铁(脆性材料)的机械性能及破坏情况。

二、实验设备

(1) WDW-100 微机控制电子万能试验机。

(2) 千分尺。

(3) 游标卡尺。

三、试件制备

根据现行 GB 6397—1986 的规定,标准圆截面长试样的原始标距 $l_0 = 10d$,如图 1 所示。试样直径的测量应在标距长度的中央和两端各测一处(不少于 3 处),每处在两个互相垂直的方向各测量一次,并计算其平均值,然后选用所得三个数值的最小值。

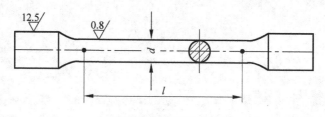

图 1 拉伸试样尺寸图

四、实验原理

材料的机械性质 σ_s、σ_b、δ、ψ 是通过拉伸破坏实验确定的。实验时,利用 WDW-100 微机控制电子万能试验机,打印输出所需的材料力学参数及拉伸曲线图。

1. 低碳钢

低碳钢在工程中广泛应用,是塑性材料的典型代表。其拉伸过程的 P-Δl 曲线如图 2 所示。

根据所学材料力学知识,低碳钢的拉伸过程共经历 4 个阶段,即:弹性阶段、屈服阶段、强化阶段、颈缩阶段。本实验的主要目的是测量图 2 所示的屈服载荷(流动载荷)P_s 及最大载荷 P_b,从而根据应力计算公式,求出屈服极限(流动极限)σ_s 和强度极限 σ_b。由于低碳钢材料的流动阶段为一条水平的波动线,因此通过实验可获得材料的上屈服载荷 P_{su} 和下屈服载荷 P_{sl}。一般取下屈服载荷 P_{sl} 作为材料的屈服极限载荷 P_s。经过屈服阶段后材料强化,进一步增加载荷,材料抵抗变形的能力大为减少,力与变形之间的关系为一条较平缓的曲线,当达到 P_b 时,试件开始颈缩,并很快断裂。

2. 铸铁

铸铁在工程上应用较广,是脆性材料的典型代表。其应力-应变曲线如图 3 所示。

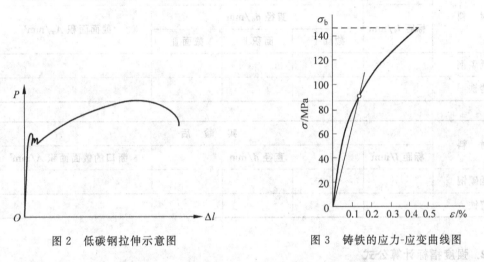

图 2　低碳钢拉伸示意图　　　　图 3　铸铁的应力-应变曲线图

由图 3 可知:铸铁的应力-应变曲线是一段微弯曲线,没有明显的直线部分,在较小的拉应力下会被拉断,既无屈服现象,也无颈缩现象。拉断时的应变很小、变形很小、延伸率也很小。同样材料的 σ_b(拉断时)可以相差很大,所以脆性材料不宜受拉。σ_b 是衡量脆性材料破坏的标志。

五、实验步骤

(1)打开计算机,执行 WDW 软件进入微机控制电子万能试验机的界面,设置【系统设置】菜单下的相关试验参数。选择【试验操作】控件,进入【试验基本参数】界面,设定测变形方式。选择【继续】键,进入【试验操作】界面,预热一段时间后,打开主机,准备试验。(* 注意:要首先设定试验类型为拉伸。)

(2)试验力调零,移动横梁夹紧试件,装好引伸计。

(3)设定试样:在【试验操作】→【试样信息】界面下,设定试样的形状、直径尺寸、原始标距、试样编号等相关信息。

(4)试验过程设定:设定试验力挡位、变形调零、设定变形挡位、设置取引伸计值以及需察看的曲线类型和坐标值等。

（5）开始试验：选择【试验操作】界面中的【上升】键，试验开始。

（6）分析、保存试验结果：选择主界面中【试验分析】菜单或【试验操作】窗口中的【分析】键后，出现【试验分析】界面。在此界面下，可获取所需的指标参数 P_s、P_b 等，并可打印输出拉伸图（$P\text{-}\Delta l$ 曲线）。

六、实验数据的分析处理

1. 试件尺寸

材　料	实　验　前			
	标距 l_0/mm	直径 d_0/mm		截面面积 A_0/mm^2
		截面Ⅰ	面积Ⅱ	截面Ⅲ	
低碳钢					
铸铁					

材　料	实　验　后		
	标距 l/mm	直径 d/mm	断口的截面面积 A/mm^2
低碳钢			
铸铁			

2. 强度指标计算公式

屈服极限：$\sigma_s = \dfrac{P_s}{A_0}$

强度极限：$\sigma_b = \dfrac{P_b}{A_0}$

3. 塑性指标计算公式

延伸率：$\delta = \dfrac{l - l_0}{l_0} \times 100\%$

断面收缩率：$\psi = \dfrac{A_0 - A}{A_0} \times 100\%$

七、思考题

（1）由拉伸破坏实验所确定的材料机械性能数值有何实用价值？

（2）低碳钢与铸铁在拉伸破坏实验中，试件的破坏断口形式如何？并说明破坏原因。

实验二　材料的压缩实验

一、实验目的

（1）比较低碳钢和铸铁的压缩过程,测定其强度指标。
（2）比较铸铁拉伸和压缩两种受力形式下的机械性能,分析其破坏原因。

二、实验设备

（1）WDW-100 微机控制电子万能试验机。
（2）游标卡尺。

三、试件制备

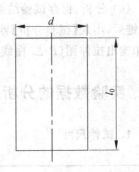

图 4　压缩试样尺寸图

　　金属材料的压缩试样采用圆试样。一般规定试样长度 $l_0 = Kd$,其中 K 可采用 $1 \sim 3$ 的不同数值,如图 4 所示。

四、实验原理

　　低碳钢在压缩过程中,流动阶段之前基本上与其拉伸情况相同,但没有明显的流动阶段,如图 5 所示。因此在确定流动载荷 P_s 时,要特别注意观察。低碳钢试件最后被压成饼状而不断裂,所以无法测定其最大载荷 P_b 及强度极限 σ_b。

　　铸铁试件没有流动载荷,当载荷达到最大值 P_b 时,就突然发生断裂。铸铁试件最后被压成鼓状,表面出现与试件轴线成 $45°$ 左右方向的裂纹,破坏主要由剪应力引起的。铸铁的压缩（P-Δl）曲线如图 6 所示。

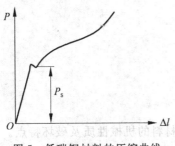

图 5　低碳钢材料的压缩曲线

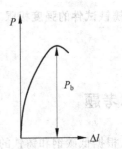

图 6　铸铁材料的压缩曲线

五、实验步骤

（1）打开计算机，执行 WDW 软件进入微机控制电子万能试验机的界面，设置【系统设置】菜单下的相关试验参数。选择【试验操作】控件，进入【试验基本参数】界面，设定测变形方式。选择【继续】键，进入【试验操作】界面，预热一段时间后，打开主机，准备试验。（＊注意：要首先设定试验类型为压缩。）

（2）试验力调零，移动横梁夹紧试件，装好引伸计。

（3）设定试样：在【试验操作】→【试样信息】界面下，设定试样的形状、直径尺寸、原始标距、试样编号等相关信息。

（4）试验过程设定：设定试验力挡位、变形调零、设定变形挡位、设置取引伸计值以及需察看的曲线类型和坐标值等。

（5）开始试验：选择【试验操作】界面中的【下降】键，试验开始。

（6）分析、保存试验结果：选择主界面中【试验分析】菜单或【试验操作】窗口中的【分析】键后，出现【试验分析】界面。在此界面下，可获取所需的指标参数 P_s、P_b 等，并且可以打印输出拉伸图（P-Δl 曲线）。

六、实验数据的分析处理

1. 试件尺寸

材　　料	直径 d/mm	截面面积 A/mm²	流动载荷 P_s/kN	最大载荷 P_b/kN
低碳钢				
铸铁				

2. 低碳钢试件的流动（屈服）极限

$$\sigma_s = \frac{P_s}{A}$$

3. 铸铁试件的强度极限

$$\sigma_b = \frac{P_b}{A}$$

七、思考题

（1）根据低碳钢和铸铁的拉、压实验，比较两种材料的机械性质及破坏特点。

（2）为什么铸铁试件压缩时，沿着与轴线约成 45°的斜截面破坏？

实验三　弹性模量 E 的测定

一、实验目的

(1) 在比例极限内,验证胡克定律。

(2) 测定钢材的弹性模量 E。

二、实验设备

(1) 材料拉伸试验机。

(2) 蝶式引伸仪。

(3) 千分尺。

(4) 游标卡尺。

三、试件制备

根据现行 GB 6397—1986 的规定,标准圆截面长试样的原始标距 $l_0 = 10d$。试样直径的测量应在标距长度的中央和两端各测一处(不少于 3 处),每处在两个互相垂直的方向各测量一次,并计算其平均值,选用所得三个数值的最小值。然后将低碳钢试样的标距 l_0 十等分,用划线机刻划圆周等分线,或用打点机打上等分点。

四、实验原理

弹性模量是材料在比例极限内,应力与应变的比值,即:$E = \dfrac{\sigma}{\varepsilon} = \dfrac{P \cdot l_0}{A \cdot \Delta l}$。可见,在比例极限内,对试样作用拉力 P,并量出标距 l_0 的相应伸长 Δl,就可以得出弹性模量 E 的数值大小。

在弹性变形阶段内试样的变形很小,测量变形可用分度值为 $0.001~\mathrm{mm}$ 的蝶式引伸仪。

为检验载荷与变形之间的关系是否符合胡克定律,并减少测量误差,实验时一般用增量法施加载荷,即把载荷分成若干相等的加载等级 ΔP,如图 7 所示,逐级加载时,由引伸仪读出与 ΔP 对应的变形增量 $\delta(\Delta l)$,则弹性模量 E 的计算公式可改写为

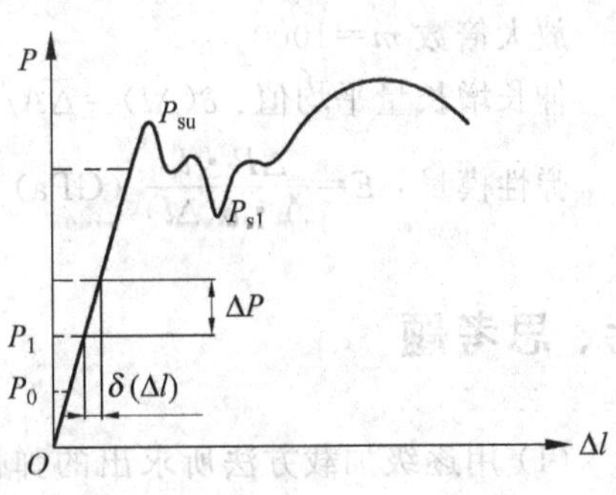

图 7　塑性材料的 P-Δl 拉伸图

$$E = \frac{\Delta P \cdot l_0}{A \cdot \delta(\Delta l)} \tag{1}$$

五、实验步骤

(1) 在标距 $l_0 = 10d$ 的范围内,测量试件两端及中间三处截面直径,取三处直径的平均值作为计算截面面积。

(2) 根据试件尺寸及材料的比例极限估计加载范围,选好试验机的测力盘量程和相应的摆锤,调整测力指针,使其对准零点。

(3) 安装试样,然后在试样的中部安装蝶式引伸仪,使引伸仪两刀刃位于试样的对称平面内,并调整其指针,使之位于零刻度。

(4) 拟定加载方案。

(5) 进行实验。

缓慢加载至初载荷,记下此时引伸仪的初读数,然后缓慢地逐级加载,每增加一级载荷,记录一次引伸仪的读数。并随时估算引伸仪先后两次读数的差值,借以判断工作是否正常。

六、实验数据的分析处理

1. 数据记录

	载荷 P/kN	载荷增量 ΔP/kN	左引伸仪		右引伸仪	
			读数 A	差 ΔA	读数 A'	差 $\Delta A'$
1						
2						
3						
4						
5						
平均值			$\overline{\Delta A}$			

2. 相关计算公式

放大倍数 $m = 1000$

伸长增长量平均值: $\delta(\Delta l) = \overline{\Delta A}/m$ (mm)

弹性模量: $E = \dfrac{\Delta P \cdot l_0}{A \cdot \delta(\Delta l)}$ (GPa)

七、思考题

(1) 用逐级加载方法所求出的弹性模量与一次加载到最终值所求出的弹性模量是否相同?

(2) 实验时,为什么要加初载荷?

(3) 试件的尺寸和形式对测定弹性模量有无影响?

实验四 材料的扭转实验

一、实验目的

(1) 测定低碳钢和铸铁扭转时的强度指标,并比较它们的机械性能。
(2) 分析比较铸铁不同受力形式下的机械性能。

二、实验设备

(1) 材料扭转试验机。
(2) 游标卡尺及直尺。
(3) 千分表及表架。
(4) 杠杆式扭角仪。

三、试件制备

金属的扭转试样采用标准圆试样。标距部分直径 $d = 10$ mm,原始标距长度 $l_0 = 100$ mm,如图 8 所示。在试件表面上绘制两条纵向直线和两圈圆周线,以观察扭转变形。

图 8　金属试样尺寸图

四、实验原理

1. 低碳钢剪切屈服极限 τ_s 和剪切强度极限 τ_b 的测定

低碳钢试样受扭时,其 $T\text{-}\varphi$ 曲线如图 9 所示。在比例极限内,T 与 φ 呈线性关系。横截面上剪应力沿半径线性分布,如图 10(a) 所示。随着 T 的增大,横截面边缘处的剪应力首先达到剪应力屈服极限 τ_s,而且塑性区逐渐向圆心扩展,形成环形塑性区,如图 10(b) 所示。但中心部分仍然是弹性的,所以 T 仍可增加,T 与 φ 成曲线关系。直到整个截面几乎都是塑性区,如图 10(c) 所示,在 $T\text{-}\varphi$ 上出现屈服平台,如图 9 所示,此时相应的扭矩即为 T_s。如果认为此时整个圆截面均为塑性区,则 T_s 与 τ_s 的关系为

$$\tau_s = \frac{3 \cdot T_s}{4 \cdot W_t}, \quad W_t = \frac{\pi d^3}{16} \tag{2}$$

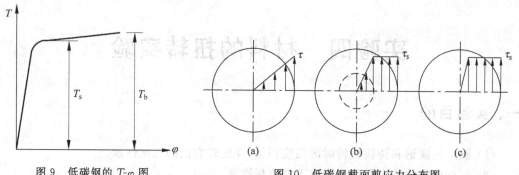

图 9　低碳钢的 $T\text{-}\varphi$ 图　　　　　　　　　图 10　低碳钢截面剪应力分布图

过屈服阶段后材料的强化使扭矩又有缓慢的上升,但变形非常显著,试样的纵向线变成螺旋线,直至扭矩达到极限值 T_b 时,试样被扭断。与 T_b 相对应的 τ_b 的计算公式为

$$\tau_b = \frac{3 \cdot T_b}{4 \cdot W_t} \tag{3}$$

2. 铸铁剪切强度极限 τ_b 的测定

铸铁试样受扭时,变形很小就突然断裂。其 $T\text{-}\varphi$ 图接近直线,如图 11 所示。如果把它视为直线,则 τ_b 可按线弹性公式计算,即

$$\tau_b = \frac{T_b}{W_t} \tag{4}$$

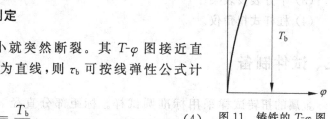

图 11　铸铁的 $T\text{-}\varphi$ 图

五、实验步骤

1. 低碳钢

(1) 量取试样的直径 d。

(2) 根据低碳钢的剪切强度极限 τ_b 估计 T_b,选择测力度盘。

(3) 将试样装入试验机夹头内。

(4) 开始加载,注意观察试样的变形以及 $T\text{-}\varphi$ 图,当材料发生流动时,记录流动时的扭矩 T_s 值,继续加载直至试样断裂,记录断裂时的扭矩 T_b 值,并观察断口的形状。

2. 铸铁

(1) 量取试样的直径 d。

(2) 根据低碳钢的剪切强度极限 τ_b 估计 T_b,选择测力度盘。

(3) 将试样装入试验机夹头内。

(4) 开始加载直至试样断裂,记录断裂时的扭矩 T_b 值,并观察断口的形状。

六、实验数据的分析处理

（1）计算强度指标。
（2）绘制扭转曲线和断口草图。

七、思考题

（1）低碳钢拉伸和扭转的断裂方式是否一样？破坏原因是否相同？
（2）铸铁在压缩和扭转时，断口外缘都与轴线成 45°，破坏原因是否相同？

实验五　切变模量 G 的测定

一、实验目的

(1) 测定低碳钢的切变模量 G。

(2) 验证扭转变形公式。

二、实验设备

(1) 材料扭转试验机。

(2) 游标卡尺及直尺。

(3) 千分表及表架。

(4) 杠杆式扭角仪。

三、试件制备

金属的扭转试样采用标准圆试样。标距部分的直径 $d=10\ \mathrm{mm}$，标距长度 $l_0=100\ \mathrm{mm}$，如图 12 所示。

图 12　金属试样尺寸图

四、实验原理

验证扭转变形公式或测定切变模量 G，都需要准确测量试样的扭转角。在剪切比例极限内，由材料力学可知，扭转变形公式为

$$\varphi = \frac{T \cdot l_0}{G \cdot I_p} \qquad (5)$$

式中：T 为扭矩，等于扭转机加载于试样上的扭转力矩；I_p 为圆截面的极惯性矩。

以低碳钢试样进行实验时，设取初扭矩 T_0，比例极限内的最大扭矩为 T_n，从 T_0 到 T_n 分成 n 级加载，每级扭矩增量为 ΔT，如图 13 所示，即

$$\Delta T = \frac{T_n - T_0}{n} \qquad (6)$$

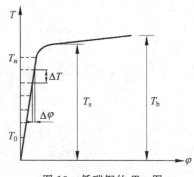

图 13　低碳钢的 T-φ 图

与 ΔT 相应的扭转角增量为 $\Delta\varphi$。以 ΔT 和 $\Delta\text{-}\varphi$ 代替式(6)中的 T 和 φ 并略作改写,即可得出

$$G = \frac{\Delta T \cdot l_0}{I_p \cdot \Delta\varphi} \tag{7}$$

五、实验步骤

(1) 量取试样的长度 l_0,直径 d。

(2) 装上千分表,记录初读数。

(3) 根据低碳钢的剪切比例极限 τ_p 和扭角仪的量程,拟定加载方案。

(4) 采用逐级加载法,计算出相应的扭矩,并读出相应的千分表读数。计算出 ΔT 的平均值和 $\Delta\varphi$ 的平均值。

(5) 根据公式(7),计算切变模量 G。

六、实验数据的分析处理

1. 扭转角增量 $\Delta\varphi$ 的确定

$$\Delta\varphi = \frac{1}{n}(\Delta\varphi_1 + \Delta\varphi_2 + \cdots + \Delta\varphi_n) \tag{8}$$

2. 切变模量 G

确定好 $\Delta\varphi$ 后,代入计算公式,即可求得完成一次实验所测出的 G 值。实验重复三次,取三次所得结果的平均值作为切变模量。

实验六 电 测 法

一、电测法的基本原理

在生产实践中常常需要直接测量零件表面上一点的应力值,来作为强度分析的依据或验证理论计算结果的正确与否。电测法是用电阻应变仪和电阻丝片来测量零件表面上一点应力的方法。下面简要介绍其基本原理和测量步骤。

1. 电阻应变片

金属电阻丝承受拉伸或压缩变形的同时,电阻也会发生变化。实验证明,在一定的应变范围内,电阻丝的电阻改变率 $\dfrac{\Delta R}{R}$ 与应变 $\varepsilon = \dfrac{\Delta l}{l}$ 成正比,即

$$\frac{\Delta R}{R} = K_s \cdot \varepsilon \tag{9}$$

式中 K_s 为比例常数,称为电阻丝的灵敏系数。

由于在弹性范围内,电阻丝的应变很小,因此其电阻改变量 ΔR 也就很小。为了提高测量精度,则需增大电阻改变量,这就要求增加电阻丝的长度。为了满足"反映一点处应变"的要求,电阻丝被往复地缠成栅状,如图 14 所示,这就是电阻应变片。电阻应变片与单根电阻丝相似,具有以下代数关系

$$\frac{\Delta R}{R} = K \cdot \varepsilon \tag{10}$$

式中,K 为比例常数,称为电阻应变片的灵敏系数,数值大小一般由制造厂商用实验的方法测定。

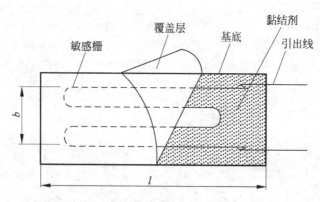

图 14　丝绕式电阻应变片

电阻应变片可分为丝绕式应变片、箔式应变片、半导体应变片等。丝绕式应变片是由直径为 0.02～0.05 mm 的康铜丝(Cu60 Ni40)或镍铬丝(Ni80 Cr20)绕成的栅状,再用绝缘胶

水贴在两层薄纸片(纸基)之间或塑料之间。电阻丝的末端焊出两根铜线,伸出纸片之外,以便连接导线。标距为 3~100 mm,宽度 b 为 2~10 mm,电阻值 $R=60~250$ Ω,通常为 120 Ω。

箔式应变片如图 15 所示,用厚度为 0.003~0.01 mm 的康铜或镍铬箔片,涂以底胶,利用光刻技术腐蚀成栅状,焊上引出线,涂上覆盖层。此种应变片尺寸准确,可制成各种形状,散热面积大,可通过较大的电流,基底有良好的化学稳定性和良好的绝缘性。该应变片适用于长期测量和高压液下测量,并可作为传感器的敏感元件。

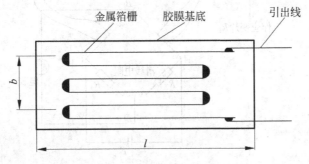

图 15 箔式应变片

半导体应变片的敏感栅为半导体如图 16 所示,灵敏系数高,用数字欧姆表就能测出它的电阻变化,可作为高灵敏传感器的敏感元件。

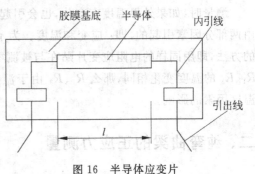

图 16 半导体应变片

2. 应变电桥

电阻应变片因随变形而发生的电阻变化 ΔR 通常由 4 个电阻组成四臂电桥(惠斯顿电桥)来测量。如图 17 所示,通过电表的电流 I 可表示为

$$I = \frac{(R_1 R_3 - R_2 R_4)E}{R_1 R_2 (R_3 + R_4) + R_3 R_4 (R_1 + R_2) + (R_1 + R_2)(R_3 + R_4)R_1} \qquad (11)$$

当 $\frac{R_1}{R_2} = \frac{R_3}{R_4}$ 时,B、D 两点的电位相等,电流表中电流通过,此时电桥平衡。如果 R_1 电阻改变 ΔR_1,电桥失去平衡,B、D 两点有电位差,其电位差与 $\frac{\Delta R_1}{R_1}$ 成正比。将 B、D 两点微弱的电位差经过放大后,即可推动普通电表,此时电表指针偏转角度的大小即为电阻改变量 $\frac{\Delta R_1}{R_1}$ 的大小。

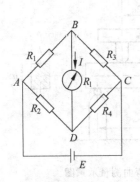

图 17 惠斯顿电桥

如图 18 所示,在测量零件表面上一点应力时,以贴在该点上的工作应变片代替 R_1,以温度补偿片代替 R_3,零件未受载荷前,调

节滑线电阻,使电桥平衡。当零件受到载荷作用后,由于该点应变引起工作应变片电阻改变,电桥失去平衡,B、D 有电位差,电表指针偏转,直接在仪器表盘的刻度上读出应变的数值。

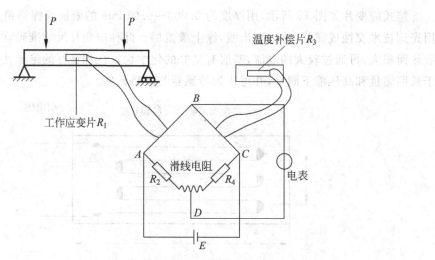

图 18 电阻应变片接线图

测量时,如果外界温度有变化,也会引起工作应变片的电阻改变,此时 B、D 的电位差是由两部分因素引起的,即:应变和温度。为了消除温度这一因素的影响,常采用温度补偿片的方法,即用同样的电阻应变片贴在与被测零件材料相同的另一构件上(此构件不受力),使 R_1、R_3 的温度变化相同,那么 R_1、R_3 由于温度变化而引起的电阻改变量相同,从而消除了温度因素的影响。

二、纯弯曲梁的正应力测量

1. 实验目的

如图 19 所示,在梁的上边、下边、中性层、上下 0.25 高度处,贴 5 个电阻应变片,加载荷 P 后,测量各点处的应变 ε,根据材料的弹性模量 E,求出各点的正应力。

2. 实验设备

WDW-100 微机控制电子万能试验机。

3. 实验方法

先加一个初载荷 P_0,然后加载到 P_1,测出应变增量 $\Delta\varepsilon$,在实际测量时,同样的方法进行几次,取其平均值进行计算。

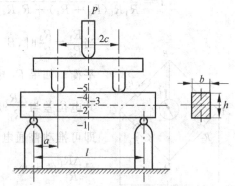

图 19 弯曲测量示意图

4. 实验数据分析及处理

（1）实验数据记录表

载荷 P/N	载荷增 量/N	仪器读数/10^6									
		ε_1	$\Delta\varepsilon_1$	ε_2	$\Delta\varepsilon_2$	ε_3	$\Delta\varepsilon_3$	ε_4	$\Delta\varepsilon_4$	ε_5	$\Delta\varepsilon_5$
	$\overline{\Delta P}=$		$\overline{\Delta\varepsilon_1}=$		$\overline{\Delta\varepsilon_2}=$		$\overline{\Delta\varepsilon_3}=$		$\overline{\Delta\varepsilon_4}=$		$\overline{\Delta\varepsilon_5}=$
			$\sigma_1=$		$\sigma_2=$		$\sigma_3=$		$\sigma_4=$		$\sigma_5=$

梁的材料：_____　　　弹性模量 E：_____

梁的几何尺寸：$a=$_____；$b=$_____；$h=$_____；$l=$_____。

（2）实验结果与理论结果比较

	1点	2点	3点	4点	5点
实验得出的应力					
理论计算出的应力					

三、思考题

（1）将测量结果作一个横截面的正应力分布图,是否为三角形分布? 中性层为零? 上下边缘最大?

（2）根据载荷 P 的大小和梁的几何尺寸,用理论方法计算梁上 5 个点的正应力值,将理论结果与实验结果作比较,看是否相符合?

实验七 疲 劳 实 验

一、实验目的

(1) 观察疲劳失效现象和断口特征。

(2) 了解测定材料持久极限的方法。

(3) 了解疲劳试验机的工作原理。

二、实验设备

对称循环弯曲疲劳试验机。

三、试件制备

试样的形式和尺寸取决于试验机的类型及实际工作的需要。旋转弯曲疲劳试样简图如图 20 所示。但各类疲劳试样的加工要求都极为严格。在交变应力作用下,由于材料对应力集中十分敏感,因此试样不允许有划伤和加工痕迹,实验部分表面的粗糙度要求非常高。过渡圆角的应力集中系数 $K_t = 1$。试样加工要求参照 GB 4337—1984。

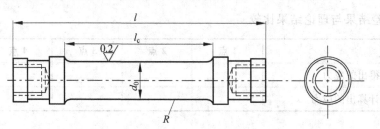

图 20 旋转弯曲疲劳试样简图

四、实验原理

长期在交变应力作用下的构件,虽然应力水平低于屈服极限,但也会突然断裂;即使是塑性性能较好的材料,断裂前却无明显的塑性变形,这种现象称为疲劳失效。在交变应力循环中,最小应力和最大应力的比值称为循环特征或应力比,其代数形式表示为

$$r = \frac{\sigma_{\min}}{\sigma_{\max}} \tag{12}$$

在既定的 r 下,若试件的最大应力为 $\sigma_{\max}^1$ 经历 N_1 次循环后,发生疲劳失效,则 N_1 称为最大应力为 $\sigma_{\max}^1$ 时的疲劳寿命(简称为寿命)。实验表明,在同一循环特征下,最大应力越

大,则寿命越短;随着最大应力的降低,寿命迅速增加。表示最大应力 σ_{max} 与寿命 N 的关系的曲线称为应力-寿命曲线或 $S\text{-}N$ 曲线。碳钢的 $S\text{-}N$ 曲线如图 21 所示。从图中可以看出:当应力降到某一极限值 σ_r 时, $S\text{-}N$ 曲线趋近于水平线。即应力不超过 σ_r,寿命 N 可无限增大。σ_r 称为疲劳极限或持久极限。角标 r 表示循环特征。

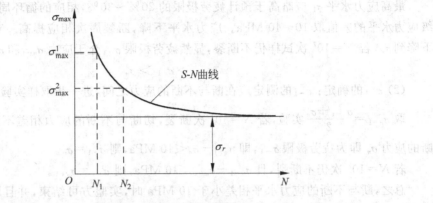

图 21　碳钢的 $S\text{-}N$ 曲线

黑色金属试样如经历 10^7 次循环仍未失效,则再增加循环次数也不会失效。因此可以把 10^7 次循环下仍未失效的最大应力作为持久极限 σ_r,而把 $N_0 = 10^7$ 称为循环基数。有色金属的 $S\text{-}N$ 曲线在 $N > 5 \times 10^8$ 时往往仍未趋于水平,通常规定一个循环基数 $N_0 = 10^8$,把它对应的最大应力作为"条件"持久极限。

纯弯曲疲劳试验机的工作原理如图 22 所示。实验时,试样被固紧在试验机的主轴套筒内,试样在整个实验过程中不得松动。载荷通过夹头的拉杆加到试样上。电动机启动后,试样随夹头一起高速旋转。载荷方向不变,而试样上各点的应力随着旋转反复变化,其应力比 $r = -1$,因此材料将承受对称交变载荷。试样表面的最大应力为

$$\sigma_{max} = \frac{P \cdot a}{2W} = \frac{16P \cdot a}{\pi \cdot d_0^3} \tag{13}$$

根据事先设定的应力水平,按上式确定相应的载荷 P_i。不同的应力水平断裂前的循环次数不同,由此可通过多级应力水平的实验测出材料的 $S\text{-}N$ 曲线并确定相应的疲劳极限 σ_{-1}。

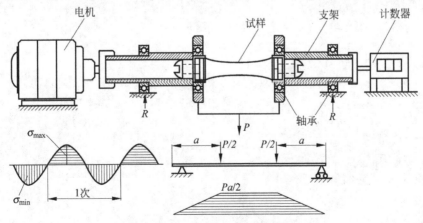

图 22　旋转弯曲疲劳实验原理图

五、实验步骤

（1）应力水平的设置：测定 S-N 曲线至少取 5 级应力水平。

最高应力水平 σ_1 应略高于预计疲劳极限的 $20\%\sim30\%$，相应的循环周次为 N_1，其后各级应力水平的差值取 $10\sim40$ MPa。应力水平下降，断裂周次相应提高。对钢材而言，当 σ 下降到 σ_n，若 $N=10^7$ 次试样仍不断裂，显然疲劳极限 σ_{-1} 介于应力 σ_{n-1} 和 σ_n 之间，即

$$\sigma_{n-1} > \sigma_{-1} > \sigma_n$$

（2）σ_{-1} 的确定：σ_{-1} 的测定应在断与不断的应力之间，进一步取样实验。

取 $\sigma_{n+1}=\dfrac{\sigma_{n-1}+\sigma_n}{2}$ 实验，若 $N=10^7$ 次断裂，切断与不断的应力相差不到 10 MPa，则不断的应力 σ_n 即为疲劳极限 σ_{-1}，即 $\sigma_{n+1}-\sigma_n<10$ MPa，则 $\sigma_{-1}=\sigma_n$。

若 $N=10^7$ 次仍不断裂，且 $\sigma_{n-1}-\sigma_{n+1}<10$ MPa，则 $\sigma_{-1}=\sigma_{n+1}$。

总之，断与不断的应力水平相差小于 10 MPa 时，实验方可结束，并且取未断的应力作为 σ_{-1}。

（3）将上述实验结果绘制成 S-N 曲线。

注意：疲劳实验对材料的品质、实验条件、加工精度等十分敏感。即使同一炉试样、同一试验机、同样的应力水平，断裂周次 N 也不可能完全相同。所以疲劳实验的数据相当分散，为提高实验精度，应力水平可设置得密一些，同时每级应力水平至少投放 $3\sim5$ 个试样，各级应力投放的试样应随应力水平的降低而逐渐增加。

六、思考题

（1）疲劳破坏有什么特点？

（2）疲劳断口的宏观形貌如何？

（3）在等幅交变应力作用下，$\sigma_{max}<\sigma_s$ 时为什么会引起疲劳破坏？为什么不马上破坏而具有一定的寿命？

部分实验设备的介绍

一、WDW-100 微机控制电子万能试验机

电子万能试验机是一种新型试验机,计算机通过调速系统控制伺服电机转动,经减速系统减速,通过滚珠丝杠付,带动移动横梁上升、下降,依次完成试样的拉伸、压缩、弯曲等力学性能试验。

1. 试验机的结构

试验机的整机结构如图 23 所示。主机与辅具构成了试验机的机械部分,调速系统和电机装在工作台底面,测量放大器插装在 PC 机箱内,PC 和打印机构成了试验机的控制与数据处理、显示系统。同时,为了方便试验开始前试样的装夹和试验过程中的安全保护,在主机右侧,装有【上升】、【下降】、【复位】和【急停】按钮。各部分的具体名称及作用如下:

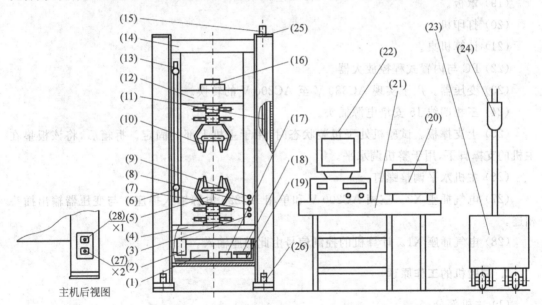

图 23　WDW 100 微机控制电子万能试验机结构图

(1) 调速系统。

(2) 交流伺服电机。

(3)【急停】按钮。红色大圆头按钮,用于试验机的紧急停车。

(4) 试验机工作台。

(5) 拉伸辅具的下半部分。

(6) 横梁行程下限位开关。可以上下调节,用于调整横梁移动的下限。

(7)【复位】按钮。绿色小圆头按钮,只能用于调速系统保护后的系统复位。

（8）【下降】按钮。红色小圆头按钮。按下此键，横梁向下移动，抬起此按钮，横梁移动停止。

（9）【上升】按钮。红色小圆头按钮。按下此键，横梁向上移动，抬起此按钮，横梁移动停止。

（10）拉伸辅具的上半部分。

（11）滚珠丝杠。

（12）移动横梁。电机的转动经减速系统、滚珠丝杠付后，变为移动横梁的上下移动，经辅具后作用在试样上，完成试样的拉伸、压缩、弯曲等力学试验。

（13）横梁运动上限位。

（14）上横梁。

（15）光电编码器。串在滚珠丝杠上，用于测量移动横梁的位移。

（16）轮辐式拉压负荷传感器。用于测量拉伸、压缩试验力。

（17）开关电源。用于提供调速系统所用的 24 V 和光电编码器所用的 +5 V 电源。

（18）调整板。用于光电编码器的信号整形和判向，PC 输出供调速系统用的脉冲信号和转动方向信号的驱动和各路信号线的转接。

（19）罩板。

（20）打印机。

（21）计算机桌。

（22）PC 与内置式程控放大器。

（23）变压器。用于实现 AC380 V 至 AC200 V 的转换。

（24）三相四线 15 安培电源插头。

（25）上支撑板。试验机处于包装状态时，用于主机上部的固定。拆箱后，将该板垫在主机的支撑脚下，用于整机调水平。

（26）主机水平调整螺钉。

（27）电气插座 X2。三相 AC200 V 和单相 AC220 电源输入插座。与变压器输出插头相连。

（28）电气插座 X1。计算机的控制信号由此插座输入。

2. 试验机的工作原理

（1）主机部分

四根导向立柱、上横梁和工作台组成门式框架，滚珠丝杠驱动中横梁带动拉伸辅具（或压缩、弯曲辅具）上部上下移动，实现试样的加载。

（2）信号测量与传递

试验力通过与辅具上部连为一体的负荷传感器进行测量，试验力信号、试样变形信号（通过夹在试样上的引伸仪测得）、和横梁位移信号（通过光电编码器测得）经插在 PC 机箱内的程控放大器放大或计数后传给 PC 机，实现试验数据的采集、标度变换、处理和屏幕显示，经控制系统运算后得到的控制信号，经 I/O 板传给调速系统，经调速系统放大后驱动伺服电机按控制系统确定的控制目标运动至试验完成。

（3）数据处理

PC 机系统采集的数据一方面进行屏幕显示，另一方面也保存在计算机内存中，试验完成后，用户可以进入数据处理系统对保存在内存中的试验数据进行数据处理，处理结果可以打印记录，也可以以 ASCII 文件的形式保存在硬盘中，以便于以后的数据再分析和网络操作。

（4）试验机的电气原理框图（见图 24）

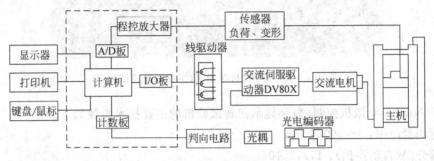

图 24　电气原理框图

3. 正常工作条件

（1）室温 10～35℃。

（2）相对湿度≤80％。

（3）周围无振动、无腐蚀性介质、无强电磁场干扰。

（4）电源电压波动不超过额定电压的±10％。

（5）在稳固的基础上水平安装，水平度为 0.2/1000。

4. 主要技术指标

最大试验力 100 kN，横梁行程 1050 mm，最大拉伸行程 500 mm，同一试验空间，拉伸与压缩辅具为标准配置。调速系统与伺服电机速比 1∶100 000，调速范围为 0.01～1000 mm/min。最大试验力按 1,2,5,10 四挡衰减，示值精度自每挡满量程的 20％起为示值的±1％。随机配备标距 50 mm、变形量 25 mm 的引伸计一只，变形测量按最大变形量的 1,2,5,10 四挡衰减，精度 0.5％FS/每挡。位移测量系统采用光电编码器测量横梁的移动距离，位移的分辨率为 0.01 mm。PC 和控制与数据处理软件以及打印机构成试验机的控制与数据处理系统。

二、NJP/NJS 微机控制/数字显示扭转试验机

NJP/NJS 微机控制/数字显示扭转试验机（见图 25）采用高精度传感器，微机测量及自动处理试验数据，由打印机打印输出符合国家标准的随机成组试验报告及曲线，加载荷采用微机控制，可正、反两方向施加扭矩，是对金属、非金属材料及构件进行扭转试验的重要设备。微机测控系统具有零点、量程及增益的自动调节、线性补偿等功能，保证了试验机的稳定、安全及可靠的运行，因试验结果及报告采用微机自动处理，从而避免了人为的记录误差，

充分保证了试验数据客观、准确。Windows 中文界面环境,操作简单,容易掌握,是各种材料扭转试验的理想测试工具。

图 25　NJP/NJS 微机控制/数字显示扭转试验机

NJP(NJS)-500 微机控制/数字显示扭转试验机的主要技术参数如下。

负荷测量范围:5～500 N·m

负荷分挡(自动换挡):1,2,5,10

负荷测量相对误差:±1%

扭转角范围:0°～360°

扭转角分辨率:0.05°

速度:2～360(°)/min　(注:速度可设置为 N·m/s 或 rad/s 显示)

试样规格:$\phi5～\phi20$ mm

扭转角误差:±1%

三、蝶式引伸仪(双表引伸仪)

在蝶式引伸仪的变形传递架的左、右两部分上,各有一个标杆,标杆上各有一个上刀口,如图 26 所示。传递架的左、右两部分上还各自装有一个活动的下刀口。下刀口实际上是杠

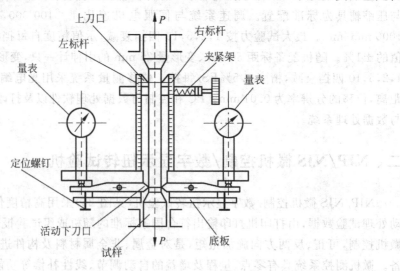

图 26　蝶式引伸仪

杆的一端,杠杆的支点在中点,另一端则与千分表(或百分表)的触头接触。上刀口由夹紧架弹簧,下刀口由传递架上的弹簧安装在试样上,上、下刀口间的距离即为标距。试样变形时上刀口不动,下刀口绕杠杆支点转动,因而杠杆的另一端推动千分表。由于支点在杠杆的中点,千分表触头的位移与下刀口的位移相等。

改变上刀口在标杆上的位置可以得到不同的标距。按照国家标准规定,一般取 50 mm 和 100 mm 两种标距。

安装蝶式引伸仪的注意事项:

- 选定标距,检查标杆和标杆上的上刀口的紧固螺钉是否拧紧,两个上刀口是否对齐。
- 给两个千分表一定的预压缩量,最好使两者的预压缩量相等。
- 引伸仪安装在试样上时,上、下 4 个刀口的 4 个接触点与试样轴线应大致在同一平面内。调整千分表的指针指在零点。

四、YJD-1 型应变仪

1. 基本原理

由于零件表面一点的应变很小,所以电阻丝片的电阻改变量 $\dfrac{\Delta R}{R}$ 也很小,为了把这一微量精确地测量出来,就需要专门的测量仪器——电阻应变仪。它的作用是将电阻改变量这一微弱的信号通过几千倍甚至几万倍的放大,使其能推动一般的电表,将信号显示出来。YJD-1 型电阻应变仪的电原理方框图如图 27 所示,其面板如图 28 所示。

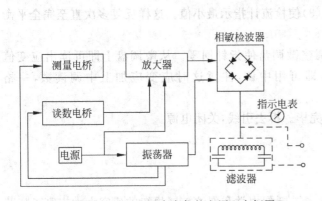

图 27 YJD-1 型电阻应变仪的电原理方框图

图 28 YJD-1 型应变仪面板

2. 仪器面板

(1) 接线柱,A,B,C,A',D,C' 共 6 个相当于电桥盒功能。在 AA' 及 CC' 之间仪器内有两个标准电阻,作为内半桥使用。在单臂测量、半桥测量时,将短路片 4 接在 $A'DC'$ 上。这时可使用内半桥标准电阻。在对臂及全桥测量时,取下短路片即可按选用的组桥方式连接电阻片引线。

（2）电阻平衡调节电位器旋钮。

（3）电容平衡调节电位器旋钮。

（4）短路片。

（5）检流计，指示平衡用。

（6）灵敏系数调节旋钮。$K_{仪}=1.95\sim2.6$ 连续可调。

（7）粗调。每挡 10 000 $\mu\varepsilon$。

（8）微调。应变读数刻度，每小格 $5\times10^{-6}\varepsilon$。

（9）中调。每挡 $1000\times10^{-6}\varepsilon$。

（10）选择开关。"A"，"B"为检查电源电压用；"预"为调节电容平衡；"静"为测量或调电阻平衡时，置于此挡。"动 1"，"动 2"为动荷测量用。

（11）电源箱连接插座。

（12）预调平衡箱连接插座。

（13）动荷输出接线柱。

3. 操作步骤

（1）接通电源箱与电阻应变仪连线。

（2）按选用的桥路接法接好电阻片引线。

（3）调节灵敏系数盘使 $K_{仪}=K_{片}$。

（4）将电源开关打开。

（5）将选择开关分别置于"A"，"B"，如检流计指针在红格上，即为正常。

（6）将大调、中调、微调旋钮置于零。

（7）调平衡。将选择开关置于"静"，调节"电阻平衡"旋钮（2）使检流计指零，再将选择开关置于"预"，调节"电容平衡"旋钮（3）使检流计指示最小值。这样反复多次直至完全平衡（此项在初载荷 P_0 时调）。

（8）加载后，检流计指针偏转，调整微调盘使指针回零。从微调盘上即可读出应变值 ε_n。（若只用微调不能使指针回零，即可用中调，注意这时应变应加上中调读数，一格为 $\pm1000\ \mu\varepsilon$。）

按以上步骤反复进行，直至试验完毕。拆去引线，关闭电源。

五、高频疲劳试验机

疲劳试验是材料性能重要内容之一。断裂力学和裂纹扩展规律的研究大大丰富了疲劳试验内容，电磁共振型疲劳试验机耗电少，频率高（60～300 Hz），加载方式灵活，能做多种试样的疲劳试验，是疲劳试验中比较理想的设备之一。

1. 主机结构和工作原理

主机的承载框架由底座 2、两根立柱 3 和大梁 4 组成。头部带螺纹的试样 7，用上圆盘螺母 8 和下圆盘螺母 9 安装于上下夹头之间，如图 29 所示。如果需要给试样施加预加载荷（静载荷），则把扳手 12 置于位置"Ⅰ"，此时杠杆 14 使齿轮 13 与齿轮 15 啮合，电机 10 驱动

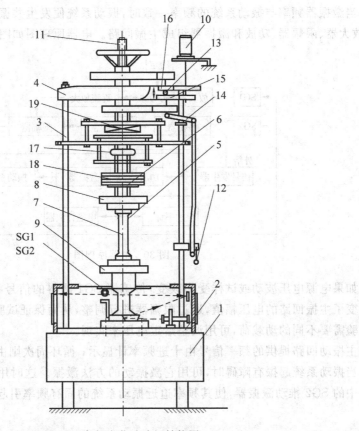

图 29 高频疲劳试验机结构图

齿轮箱使丝杠 11 上升或下降,试样将受到预加拉力或压力。安装试样时如欲快速调整夹头间的距离,可将扳手放在位置"Ⅱ",使齿轮 13 与齿轮 16 啮合,这样可使丝杠快速升降,但不能用于对试样加载,否则容易使电机超载。

振动系统由预载弹簧 17、试样 7、测力计 5、砝码架 6、砝码 18 和夹头等组成。主机固定于基座 1 上,它是沉重的铸铁件,有足够的刚度,且质量远远大于上述振动系统,因此工作时基座的振动是极其微弱的。振动系统的固有频率为

$$f = \frac{1}{2\pi}\sqrt{\frac{k}{M}}$$

式中:k 为振动系统的弹簧常数;M 为振动系统的质量,包括砝码和夹头。

振动系统的振动由激振器 19 激励和保持。当激振器产生的激振力的频率与振动系统的固有频率一致时,振动系统将发生共振。此时振动系统中主质量(砝码)的惯性力便往复作用于试样上,产生拉、压交变应力。

2. 电器原理简介

振动系统由静止到起振,是通过施加一定的给定电压,经放大、限幅,使激振器获得起振功率。起振后,由速度传感器 SG2 取自振动系统的信号,经移相、放大、限幅,去推动激振

器。当激振器频率与振动系统的频率一致时,振动系统便发生共振。速度传感器 SG2、移相器、放大器、限幅器、功放和激振器组成主振回路。电器原理图如图 30 所示。

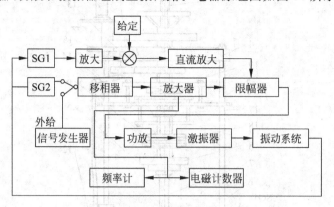

图 30　电器原理图

　　如果电源电压波动或试样受力改变,传感器 SG1 测得的信号将发生变化,经比较放大后改变了主振回路的电压幅值,通过限幅器进行调整,从而保证试验过程中载荷的恒定。如果试验需要不同的动载荷,可用调整给定电压来实现。

　　主振动回路提供的频率信号由十进频率计显示;循环周次则由电磁计数器累计。

　　当振动系统起振有障碍时,可用它激振动的方法激振。这时用信号发生器代替主振动回路中的 SG2 推动激振器,使其频率迫近振动系统的固有频率引起共振。

附　　录

附录 A 型钢规格表

表 A1 热轧等边角钢（GB 9787—1988）

符号意义：

b——边宽度　　　　I——惯性矩
d——边厚度　　　　i——惯性半径
r——内圆弧半径　　W——截面系数
r_1——边端内圆弧半径　z_0——重心距离

注：截面图中的 $r_1=1/3d$ 及表中 r 值的数据用于孔型设计，不做交货条件。

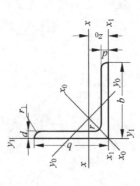

角钢号数	尺寸/mm			截面面积 /cm²	理论质量 /(kg/m)	外表面积 /(m²/m)	参考数值											
							$x-x$			x_0-x_0			y_0-y_0			x_1-x_1	z_0
	b	d	r				I_x /cm⁴	i_x /cm	W_x /cm³	I_{x0} /cm⁴	i_{x0} /cm	W_{x0} /cm³	I_{y0} /cm⁴	i_{y0} /cm	W_{y0} /cm³	I_{x1} /cm⁴	/cm
2	20	3	3.5	1.132	0.889	0.078	0.40	0.59	0.29	0.63	0.75	0.45	0.17	0.39	0.20	0.81	0.60
2	20	4		1.459	1.145	0.077	0.50	0.58	0.36	0.78	0.73	0.55	0.22	0.38	0.24	1.09	0.64
2.5	25	3		1.432	1.124	0.098	0.82	0.76	0.46	1.29	0.95	0.73	0.34	0.49	0.33	1.57	0.73
2.5	25	4		1.859	1.459	0.097	1.03	0.74	0.59	1.62	0.93	0.92	0.43	0.48	0.40	2.11	0.76

续表

角钢号数	尺寸/mm b	尺寸/mm d	尺寸/mm r	截面面积 /cm²	理论质量 /(kg/m)	外表面积 /(m²/m)	x-x I_x /cm⁴	x-x i_x /cm	x-x W_x /cm³	x0-x0 I_{x0} /cm⁴	x0-x0 i_{x0} /cm	x0-x0 W_{x0} /cm³	y0-y0 I_{y0} /cm⁴	y0-y0 i_{y0} /cm	y0-y0 W_{y0} /cm³	x1-x1 I_{x1} /cm⁴	z_0 /cm
3.0	30	3	4.5	1.749	1.373	0.117	1.46	0.91	0.68	2.31	1.15	1.09	0.61	0.59	0.51	2.71	0.85
		4		2.276	1.786	0.117	1.84	0.90	0.87	2.92	1.13	1.37	0.77	0.58	0.62	3.63	0.89
3.6	36	3	4.5	2.109	1.656	0.141	2.58	1.11	0.99	4.09	1.39	1.61	1.07	0.71	0.76	4.68	1.00
		4		2.756	2.163	0.141	3.29	1.09	1.28	5.22	1.38	2.05	1.37	0.70	0.93	6.25	1.04
		5		3.382	2.654	0.141	3.95	1.08	1.56	6.24	1.36	2.45	1.65	0.70	1.09	7.84	1.07
4.0	40	3	5	2.359	1.852	0.157	3.59	1.23	1.23	5.69	1.55	2.01	1.49	0.79	0.96	6.41	1.09
		4		3.086	2.422	0.157	4.60	1.22	1.60	7.29	1.54	2.58	1.91	0.79	1.19	8.56	1.13
		5		3.791	2.976	0.156	5.53	1.21	1.96	8.76	1.52	3.01	2.30	0.78	1.39	10.74	1.17
4.5	45	3	5	2.659	2.088	0.177	5.17	1.40	1.58	8.20	1.76	2.58	2.14	0.89	1.24	9.12	1.22
		4		3.486	2.736	0.177	6.65	1.38	2.05	10.56	1.74	3.32	2.75	0.89	1.54	12.18	1.26
		5		4.292	3.369	0.176	8.04	1.37	2.51	12.74	1.72	4.00	3.33	0.88	1.81	15.25	1.30
		6		5.076	3.985	0.176	9.33	1.36	2.95	14.76	1.70	4.64	3.89	0.88	2.06	18.36	1.33
5	50	3	5.5	2.971	2.332	0.197	7.18	1.55	1.96	11.37	1.96	3.22	2.98	1.00	1.57	12.50	1.34
		4		3.897	3.059	0.197	9.26	1.54	2.56	14.70	1.94	4.16	3.82	0.99	1.96	16.69	1.38
		5		4.803	3.770	0.196	11.21	1.53	3.13	17.79	1.92	5.03	4.64	0.98	2.31	20.90	1.42
		6		5.688	4.465	0.196	13.05	1.52	3.68	20.68	1.91	5.85	5.42	0.98	2.63	25.14	1.46
5.6	56	3	6	3.343	2.624	0.221	10.19	1.75	2.48	16.14	2.20	4.08	4.24	1.31	2.02	17.56	1.48
		4		4.390	3.446	0.220	13.18	1.73	3.24	20.92	2.18	5.28	5.46	1.11	2.52	23.43	1.53
		5		5.415	4.251	0.220	16.02	1.72	3.97	25.42	2.17	6.42	6.61	1.10	2.98	29.33	1.57
		8		8.367	6.568	0.219	23.63	1.68	6.03	37.37	2.11	9.44	9.89	1.09	4.16	47.24	1.68

续表

角钢号数	b	d	r	截面面积 /cm²	理论质量 /(kg/m)	外表面积 /(m²/m)	I_x /cm⁴	i_x /cm	W_x /cm³	I_{x0} /cm⁴	i_{x0} /cm	W_{x0} /cm³	I_{y0} /cm⁴	i_{y0} /cm	W_{y0} /cm³	I_{x1} /cm⁴	z_0 /cm
							x—x			x₀—x₀				y₀—y₀		x₁—x₁	
6.3	63	4	7	4.978	3.907	0.248	19.03	1.96	4.13	30.17	2.46	6.78	7.89	1.26	3.29	33.35	1.70
		5		6.143	4.822	0.248	23.17	1.94	5.08	36.77	2.45	8.25	9.57	1.25	3.90	41.73	1.74
		6		7.288	5.721	0.247	27.12	1.93	6.00	43.03	2.43	9.66	11.20	1.24	4.46	50.14	1.78
		8		9.515	7.469	0.247	34.46	1.90	7.75	54.56	2.40	12.25	14.33	1.23	5.47	67.11	1.85
		10		11.657	9.151	0.246	41.09	1.88	9.39	64.85	2.36	14.56	17.33	1.22	6.36	84.31	1.93
7	70	4	8	5.570	4.372	0.275	26.39	2.18	5.14	41.80	2.74	8.44	10.99	1.40	4.17	45.74	1.86
		5		6.875	5.397	0.275	32.21	2.16	6.32	51.80	2.73	10.32	13.34	1.39	4.95	57.21	1.91
		6		8.160	6.406	0.275	37.77	2.15	7.48	59.93	2.71	12.11	15.61	1.38	5.67	68.73	1.95
		7		9.424	7.398	0.275	43.09	2.14	8.59	68.35	2.69	13.81	17.82	1.38	6.34	80.29	1.99
		8		10.667	8.373	0.274	48.17	2.12	9.68	76.37	2.68	15.43	19.98	1.37	6.98	91.92	2.03
7.5	75	5	9	7.412	5.818	0.295	39.97	2.33	7.32	63.30	2.92	11.94	16.63	1.50	5.77	70.56	2.04
		6		8.797	6.905	0.294	46.95	2.31	8.64	74.38	2.90	14.02	19.51	1.49	6.67	84.55	2.07
		7		10.160	7.976	0.294	53.57	2.30	9.93	84.96	2.89	16.02	22.18	1.48	7.44	98.71	2.11
		8		11.503	9.030	0.294	59.96	2.28	11.20	95.07	2.88	17.93	24.86	1.47	8.19	112.97	2.15
		10		14.126	11.089	0.293	71.98	2.26	13.64	113.92	2.84	21.48	30.05	1.46	9.56	141.71	2.22
8	80	5	9	7.912	6.211	0.315	48.79	2.48	8.34	77.33	3.13	13.67	20.25	1.60	6.66	85.36	2.15
		6		9.397	7.376	0.314	57.35	2.47	9.87	90.98	3.11	16.08	23.72	1.59	7.65	102.50	2.19
		7		10.860	8.525	0.314	65.58	2.46	11.37	104.07	3.10	18.40	27.09	1.58	8.58	119.70	2.23
		8		12.303	9.658	0.314	73.49	2.44	12.83	116.60	3.08	20.61	30.39	1.57	9.46	136.97	2.27
		10		15.126	11.874	0.313	88.43	2.42	15.64	140.09	3.04	24.76	36.77	1.56	11.08	171.74	2.35

续表

角钢号数	尺寸/mm b	尺寸/mm d	尺寸/mm r	截面面积/cm²	理论质量/(kg/m)	外表面积/(m²/m)	I_x/cm⁴	i_x/cm	W_x/cm³	I_{x0}/cm⁴	i_{x0}/cm	W_{x0}/cm³	I_{y0}/cm⁴	i_{y0}/cm	W_{y0}/cm³	I_{x1}/cm⁴	z_0/cm
9	90	6	10	10.637	8.350	0.354	82.77	2.79	12.61	131.26	3.51	20.63	34.28	1.80	9.95	145.87	2.44
		7		12.301	9.656	0.354	94.83	2.78	14.54	150.47	3.50	23.64	39.18	1.78	11.19	170.30	2.48
		8		13.944	10.946	0.353	106.47	2.76	16.42	168.97	3.48	26.55	43.97	1.78	12.35	194.80	2.52
		10		17.167	13.476	0.353	128.58	2.74	20.07	203.90	3.45	32.04	53.26	1.76	14.52	244.07	2.59
		12		20.306	15.940	0.352	149.22	2.71	23.57	236.21	3.41	37.12	62.22	1.75	16.49	293.76	2.67
10	100	6	12	11.932	9.366	0.393	114.95	3.10	15.68	181.98	3.90	25.74	47.92	2.00	12.69	200.07	2.67
		7		13.796	10.830	0.393	131.86	3.09	18.10	208.97	3.89	29.55	54.74	1.99	14.26	233.54	2.71
		8		15.638	12.276	0.393	148.24	3.08	20.47	235.07	3.88	33.24	61.41	1.98	15.75	267.09	2.76
		10		19.261	15.120	0.392	179.51	3.05	25.06	284.68	3.84	40.26	74.35	1.96	18.54	334.48	2.84
		12		22.800	17.898	0.391	208.90	3.03	29.48	330.95	3.81	46.80	86.84	1.95	21.08	402.34	2.91
		14		26.256	20.611	0.391	236.53	3.00	33.73	374.06	3.77	52.90	99.00	1.94	23.44	470.75	2.99
		16		29.627	23.257	0.390	262.53	2.98	37.82	414.16	3.74	58.57	110.89	1.94	25.63	539.80	3.06
11	110	7	12	15.196	11.928	0.433	177.16	3.41	22.05	280.94	4.30	36.12	73.38	2.20	17.51	310.64	2.96
		8		17.238	13.532	0.433	199.46	3.40	24.95	316.49	4.28	40.69	82.42	2.19	19.39	355.20	3.01
		10		21.261	16.690	0.432	242.19	3.38	30.60	384.39	4.25	49.42	99.98	2.17	22.91	444.65	3.09
		12		25.200	19.782	0.431	282.55	3.35	36.05	448.17	4.22	57.62	116.93	2.15	26.15	534.60	3.16
		14		29.056	22.809	0.431	320.71	3.32	41.31	508.01	4.18	65.31	133.40	2.14	29.14	625.16	3.24
12.5	125	8	14	19.750	15.504	0.492	297.03	3.88	32.52	470.89	4.88	53.28	123.16	2.50	25.86	521.01	3.37
		10		24.373	19.133	0.491	361.67	3.85	39.97	573.89	4.85	64.93	149.46	2.48	30.62	651.93	3.45
		12		28.912	22.969	0.491	423.16	3.83	41.17	671.44	4.82	75.96	174.88	2.46	35.03	783.42	3.53
		14		33.367	26.193	0.490	481.65	3.80	54.16	763.73	4.78	86.41	199.57	2.45	39.13	915.61	3.61

续表

角钢号数	尺寸/mm b	d	r	截面面积/cm²	理论质量/(kg/m)	外表面积/(m²/m)	Ix/cm⁴	ix/cm	Wx/cm³	Ix0/cm⁴	ix0/cm	Wx0/cm³	Iy0/cm⁴	iy0/cm	Wy0/cm³	Ix1/cm⁴	z0/cm
							x—x			x0—x0			y0—y0			x1—x1	
14	140	10	14	27.373	21.488	0.551	514.65	4.34	50.58	817.27	5.46	82.56	212.04	2.78	39.20	915.11	3.82
		12		32.512	25.522	0.551	603.68	4.31	59.80	958.79	5.43	96.85	248.57	2.76	45.02	1099.28	3.90
		14		37.567	29.490	0.550	688.81	4.28	68.75	1093.56	5.40	110.47	284.06	2.75	50.45	1284.22	3.98
		16		42.539	33.393	0.549	770.24	4.26	77.46	1221.81	5.36	123.42	318.67	2.74	55.55	1470.07	4.06
16	160	10	16	31.502	24.729	0.630	779.53	4.98	66.70	1237.30	6.27	109.36	321.76	3.20	52.76	1365.33	4.31
		12		37.441	29.391	0.630	916.58	4.95	78.98	1455.68	6.24	128.67	377.49	3.18	60.74	1639.57	4.39
		14		43.296	33.987	0.629	1048.36	4.92	90.95	1665.02	6.20	147.17	431.70	3.16	68.24	1914.68	4.47
		16		49.067	38.518	0.629	1175.08	4.89	102.63	1865.57	6.17	164.89	484.59	3.14	75.31	2190.82	4.55
18	180	12	16	42.241	33.159	0.710	1321.35	5.59	100.82	2100.10	7.05	165.00	542.61	3.58	78.41	2332.80	4.89
		14		48.896	38.383	0.709	1514.48	5.56	116.25	2407.42	7.02	189.14	621.53	3.56	88.38	2723.48	4.97
		16		55.467	43.542	0.709	1700.99	5.54	131.13	2703.37	6.98	212.40	698.60	3.55	97.83	3115.29	5.05
		18		61.955	48.634	0.708	1875.12	5.50	145.64	2988.24	6.94	234.78	762.01	3.51	105.14	3502.43	5.13
20	200	14	18	54.642	42.894	0.788	2103.55	6.20	144.70	3343.26	7.82	236.40	863.83	3.98	111.82	3734.10	5.46
		16		62.013	48.680	0.788	2366.15	6.18	163.65	3760.89	7.79	265.93	971.41	3.96	123.96	4270.39	5.54
		18		69.301	54.401	0.787	2620.64	6.15	182.22	4164.54	7.75	294.48	1076.74	3.94	135.52	4808.13	5.62
		20		76.505	60.056	0.787	2867.30	6.12	200.42	4554.55	7.72	322.06	1180.04	3.93	146.55	5347.51	5.69
		24		90.661	71.168	0.785	3338.25	6.07	236.17	5294.97	7.64	374.41	1381.53	3.90	166.55	6457.16	5.87

表 A2 热轧不等边角钢(GB 9788—1988)

符号意义：

B——长边宽度
b——短边宽度
d——边厚度
r——内圆弧半径
r₁——边端内圆弧半径
i——惯性半径
I——惯性矩
W——截面系数
x₀——重心距离
y₀——重心距离

注：1. 括号内型号不推荐使用。
2. 截面图中的 $r_1=1/3d$ 及表中 r 的数据用于孔型设计，不做交货条件。

角钢号数	尺寸/mm B	b	d	r	截面面积 /cm²	理论质量 /(kg/m)	外表面积 /(m²/m)	x—x I_x /cm⁴	i_x /cm	W_x /cm³	y—y I_y /cm⁴	i_y /cm	W_y /cm³	x₁—x₁ I_{x1} /cm⁴	y_0 /cm	y₁—y₁ I_{y1} /cm⁴	x_0 /cm	u—u I_u /cm⁴	i_u /cm	W_u /cm³	tan α
2.5/1.6	25	16	3	3.5	1.162	0.912	0.080	0.70	0.78	0.43	0.22	0.44	0.19	1.56	0.86	0.43	0.42	0.14	0.34	0.16	0.392
			4		1.499	1.176	0.079	0.88	0.77	0.55	0.27	0.43	0.24	2.09	0.90	0.59	0.46	0.17	0.34	0.20	0.381
3.2/2	32	20	3	3.5	1.492	1.171	0.102	1.53	1.01	0.72	0.46	0.55	0.30	3.27	1.08	0.82	0.49	0.28	0.43	0.25	0.382
			4		1.939	1.522	0.101	1.93	1.00	0.93	0.57	0.54	0.39	4.37	1.12	1.12	0.53	0.35	0.42	0.32	0.374
4/2.5	40	25	3	4	1.890	1.484	0.127	3.08	1.28	1.15	0.93	0.70	0.49	5.39	1.32	1.59	0.59	0.56	0.54	0.40	0.385
			4		2.467	1.936	0.127	3.93	1.26	1.49	1.18	0.69	0.63	8.53	1.37	2.14	0.63	0.71	0.54	0.52	0.381
4.5/2.8	45	28	3	5	2.149	1.687	0.143	4.45	1.44	1.47	1.34	0.79	0.62	9.10	1.47	2.23	0.64	0.80	0.61	0.51	0.383
			4		2.805	2.203	0.143	5.69	1.42	1.91	1.70	0.78	0.80	12.13	1.51	3.00	0.68	1.02	0.60	0.66	0.380

参 考 数 值

续表

角钢号数	尺寸/mm				截面面积/cm²	理论质量/(kg/m)	外表面积/(m²/m)	参 考 数 值													
								x—x			y—y			x₁—x₁		y₁—y₁		u—u			
	B	b	d	r				I_x /cm⁴	i_x /cm	W_x /cm³	I_y /cm⁴	i_y /cm	W_y /cm³	I_{x1} /cm⁴	y_0 /cm	I_{y1} /cm⁴	x_0 /cm	I_u /cm⁴	i_u /cm	W_u /cm³	tan α
5/3.2	50	32	3	5.5	2.431	1.908	0.161	6.24	1.60	1.84	2.02	0.91	0.82	12.49	1.60	3.31	0.73	1.20	0.70	0.68	0.404
			4		3.177	2.494	0.160	8.02	1.59	2.39	2.58	0.90	1.06	16.65	1.65	4.45	0.77	1.53	0.69	0.87	0.402
5.6/3.6	56	36	3	6	2.743	2.153	0.181	8.88	1.80	2.32	2.92	1.03	1.05	17.54	1.78	4.70	0.80	1.73	0.79	0.87	0.408
			4		3.590	2.818	0.180	11.45	1.79	3.03	3.76	1.02	1.37	23.39	1.82	6.33	0.85	2.23	0.79	1.13	0.408
			5		4.415	3.466	0.180	13.86	1.77	3.71	4.49	1.01	1.65	29.25	1.87	7.94	0.88	2.67	0.78	1.36	0.404
6.3/4	63	40	4	7	4.058	3.185	0.202	16.49	2.02	3.87	5.23	1.14	1.70	33.30	2.04	8.63	0.92	3.12	0.88	1.40	0.398
			5		4.993	3.920	0.202	20.02	2.00	4.74	6.31	1.12	2.71	41.63	2.08	10.86	0.95	3.76	0.87	1.71	0.396
			6		5.908	4.638	0.201	23.36	1.96	5.59	7.29	1.11	2.43	49.98	2.12	13.12	0.99	4.34	0.86	1.99	0.393
			7		6.802	5.339	0.201	26.53	1.98	6.40	8.24	1.10	2.78	58.07	2.15	15.47	1.03	4.97	0.86	2.29	0.389
7/4.5	70	45	4	7.5	4.547	3.570	0.226	23.17	2.26	4.86	7.55	1.29	2.17	45.92	2.24	12.26	1.02	4.40	0.98	1.77	0.410
			5		5.609	4.403	0.225	27.95	2.23	5.92	9.13	1.28	2.65	57.10	2.28	15.39	1.06	5.40	0.98	2.19	0.407
			6		6.647	5.218	0.225	32.54	2.21	6.95	10.62	1.26	3.12	68.35	2.32	18.58	1.09	6.35	0.98	2.59	0.404
			7		7.657	6.011	0.225	37.22	2.20	8.03	12.01	1.25	3.57	79.99	2.36	21.84	1.13	7.16	0.97	2.94	0.402
(7.5/5)	75	50	5	8	6.125	4.808	0.245	34.86	2.39	6.83	12.61	1.44	3.30	70.00	2.40	21.04	1.17	7.41	1.10	2.74	0.435
			6		7.260	5.699	0.245	41.12	2.38	8.12	14.70	1.42	3.88	84.30	2.44	25.37	1.21	8.54	1.08	3.19	0.435
			8		9.467	7.431	0.244	52.39	2.35	10.52	18.53	1.40	4.99	112.50	2.52	34.23	1.29	10.87	1.07	4.10	0.429
			10		11.590	9.098	0.244	62.71	2.33	12.79	21.96	1.38	6.04	140.80	2.60	43.43	1.36	13.10	1.06	4.99	0.423

续表

角钢号数	尺寸/mm				截面面积/cm²	理论质量/(kg/m)	外表面积/(m²/m)	参考数值													
								x-x			y-y			x₁-x₁		y₁-y₁		u-u			
	B	b	d	r				I_x/cm⁴	i_x/cm	W_x/cm³	I_y/cm⁴	i_y/cm	W_y/cm³	I_{x1}/cm⁴	y_0/cm	I_{y1}/cm⁴	x_0/cm	I_u/cm⁴	i_u/cm	W_u/cm³	tan α
8/5	80	50	5	8	6.375	5.005	0.255	41.96	2.56	7.78	12.82	1.42	3.32	85.21	2.60	21.06	1.14	7.66	1.10	2.74	0.388
			6		7.560	5.935	0.255	49.49	2.56	9.25	14.95	1.41	3.91	102.53	2.65	25.41	1.18	8.85	1.08	3.20	0.387
			7		8.724	6.848	0.255	56.16	2.54	10.58	16.96	1.39	4.48	119.33	2.69	29.82	1.21	10.18	1.08	3.70	0.384
			8		9.867	7.745	0.254	62.83	2.52	11.92	18.85	1.38	5.03	136.41	2.73	34.32	1.25	11.38	1.07	4.16	0.381
9/5.6	90	56	5	9	7.212	5.661	0.287	60.45	2.90	9.92	18.32	1.59	4.21	121.32	2.91	29.53	1.25	10.98	1.23	3.49	0.385
			6		8.557	6.717	0.286	71.03	2.88	11.74	21.42	1.58	4.96	145.59	2.95	35.58	1.29	12.90	1.23	4.13	0.384
			7		9.880	7.756	0.286	81.01	2.86	13.49	24.36	1.57	5.70	169.60	3.00	41.71	1.33	14.67	1.22	4.72	0.382
			8		11.183	8.779	0.286	91.03	2.85	15.27	27.15	1.56	6.41	194.17	3.04	47.93	1.36	16.34	1.21	5.29	0.380
10/6.3	100	63	6	10	9.617	7.550	0.320	99.06	3.21	14.64	30.94	1.79	6.35	199.71	3.24	50.50	1.43	18.42	1.38	5.25	0.394
			7		11.111	8.722	0.320	113.45	3.20	16.88	35.26	1.78	7.29	233.00	3.28	59.14	1.47	21.00	1.38	6.02	0.394
			8		12.584	9.878	0.319	127.37	3.18	19.08	39.39	1.77	8.21	266.32	3.32	67.88	1.50	23.50	1.37	6.78	0.391
			10		15.467	12.142	0.319	153.81	3.15	23.32	47.12	1.74	9.98	333.06	3.40	85.73	1.58	28.33	1.35	8.24	0.387
10/8	100	80	6	10	10.637	8.350	0.354	107.04	3.17	15.19	61.24	2.40	10.16	199.83	2.95	102.68	1.97	31.65	1.72	8.37	0.627
			7		12.301	9.656	0.354	122.73	3.16	17.52	70.08	2.39	11.71	233.20	3.00	119.98	2.01	36.17	1.72	9.60	0.626
			8		13.944	10.946	0.353	137.92	3.14	19.81	78.58	2.37	13.21	266.61	3.04	137.37	2.05	40.58	1.71	10.80	0.625
			10		17.167	13.476	0.353	166.87	3.12	24.24	94.65	2.35	16.12	333.63	3.12	172.48	2.13	49.10	1.69	13.12	0.622

续表

角钢号数	尺寸/mm B	b	d	r	截面面积 /cm²	理论质量 /(kg/m)	外表面积 /(m²/m)	参考数值 x-x I_x/cm⁴	i_x/cm	W_x/cm³	y-y I_y/cm⁴	i_y/cm	W_y/cm³	x₁-x₁ I_{x1}/cm⁴	y₀/cm	y₁-y₁ I_{y1}/cm⁴	x₀/cm	u-u I_u/cm⁴	i_u/cm	W_u/cm³	tan α
11/7	110	70	6	10	10.637	8.350	0.354	133.37	3.54	17.85	42.92	2.01	7.90	265.78	3.53	69.08	1.57	25.36	1.54	6.53	0.403
			7		12.301	9.656	0.354	153.00	3.53	20.60	49.01	2.00	9.09	310.07	3.57	80.82	1.61	28.95	1.53	7.50	0.402
			8	10	13.944	10.946	0.353	172.04	3.51	23.30	54.87	1.98	10.25	354.39	3.62	92.70	1.65	32.45	1.53	8.45	0.401
			10		17.167	13.476	0.353	208.39	3.48	28.54	65.88	1.96	12.48	443.13	3.70	116.83	1.72	39.20	1.51	10.29	0.397
12.5/8	125	80	7		14.096	11.066	0.403	227.98	4.02	26.86	74.42	2.30	12.01	454.99	4.01	120.32	1.80	43.81	1.76	9.92	0.408
			8	11	15.989	12.551	0.403	256.77	4.01	30.41	83.49	2.28	13.56	519.99	4.06	137.85	1.84	49.15	1.75	11.18	0.407
			10		19.712	15.474	0.402	312.04	3.98	37.33	100.67	2.26	16.56	650.09	4.14	173.40	1.92	59.45	1.74	13.64	0.404
			12		23.351	18.330	0.402	364.41	3.95	44.01	116.67	2.24	19.43	780.39	4.22	209.67	2.00	69.35	1.72	16.01	0.400
14/9	140	90	8	12	18.038	14.160	0.453	365.64	4.50	38.48	120.69	2.59	17.34	730.53	4.50	195.79	2.04	70.83	1.98	14.31	0.411
			10		22.261	17.475	0.452	445.50	4.47	47.31	140.03	2.56	21.22	913.20	4.58	245.92	2.12	85.82	1.96	17.48	0.409
			12		26.400	20.724	0.451	521.59	4.44	55.87	169.79	2.54	24.95	1096.09	4.66	296.89	2.19	100.21	1.95	20.54	0.406
			14		30.456	23.908	0.451	594.10	4.42	64.18	192.10	2.51	28.54	1279.26	4.74	348.82	2.27	114.13	1.94	23.52	0.403
16/10	160	100	10	13	25.315	19.872	0.512	668.69	5.14	62.13	205.03	2.85	26.56	1362.89	5.24	336.59	2.28	121.74	2.19	21.92	0.390
			12		30.054	23.592	0.511	784.91	5.11	73.49	239.06	2.82	31.28	1635.56	5.32	405.94	2.36	142.33	2.17	25.79	0.388
			14		34.709	27.247	0.510	896.30	5.08	84.56	271.20	2.80	35.83	1908.50	5.40	476.42	2.43	162.23	2.16	29.56	0.385
			16		39.281	30.835	0.510	1003.04	5.05	95.33	301.60	2.77	40.24	2181.79	5.48	548.20	2.51	182.57	2.16	33.44	0.382

续表

角钢号数	尺寸/mm				截面面积/cm²	理论质量/(kg/m)	外表面积/(m²/m)	参考数值													
								$x-x$			$y-y$			x_1-x_1		y_1-y_1		$u-u$			
	B	b	d	r				I_x /cm⁴	i_x /cm	W_x /cm³	I_y /cm⁴	i_y /cm	W_y /cm³	I_{x1} /cm⁴	y_0 /cm	I_{y1} /cm⁴	x_0 /cm	I_u /cm⁴	i_u /cm	W_u /cm³	$\tan\alpha$
18/11	180	110	10	14	28.373	22.273	0.571	956.25	5.80	78.96	278.11	3.13	32.49	1940.40	5.89	447.22	2.44	166.50	2.42	26.88	0.376
			12		33.712	26.464	0.571	1124.72	5.78	93.53	325.03	3.10	38.32	2328.38	5.98	538.94	2.52	194.87	2.40	31.66	0.374
			14		38.967	30.589	0.570	1286.91	5.75	107.76	369.55	3.08	43.97	2716.60	6.06	631.95	2.59	222.30	2.39	36.32	0.372
			16		44.139	34.649	0.569	1443.06	5.72	121.64	411.85	3.06	49.44	3105.15	6.14	726.46	2.67	248.94	2.38	40.87	0.369
20/12.5	200	125	12	14	37.912	29.761	0.641	1570.90	6.44	116.73	483.16	3.57	49.99	3193.85	6.54	787.74	2.83	285.79	2.74	41.23	0.392
			14		43.867	34.436	0.640	1800.97	6.41	134.65	550.83	3.54	57.44	3726.17	6.62	922.47	2.91	326.58	2.73	47.34	0.390
			16		49.739	39.045	0.639	2023.35	6.38	152.18	615.44	3.52	64.69	4258.86	6.70	1058.86	2.99	366.21	2.71	53.32	0.388
			18		55.525	43.588	0.639	2238.30	6.35	169.33	677.19	3.49	71.74	4792.00	6.78	1197.13	3.06	404.83	2.70	59.18	0.385

表 A3 热轧槽钢(GB 707—1988)

符号意义：

h——高度
b——腿宽度
d——腰厚度
t——平均腿厚度
r——内圆弧半径
r_1——腿端圆弧半径
I——惯性矩
W——截面系数
i——惯性半径
z_0——y—y 轴与 y_1—y_1 轴间距

注：截面图和表中标注的圆弧半径 r、r_1 的数据用于孔型设计，不做交货条件。

型号	尺寸/mm						截面面积/cm²	理论质量/(kg/m)	参考数值							
									x—x			y—y			y_1—y_1	
	h	b	d	t	r	r_1			W_x/cm³	I_x/cm⁴	i_x/cm	W_y/cm³	I_y/cm⁴	i_y/cm	I_{y1}/cm⁴	z_0/cm
5	50	37	4.5	7	7.0	3.5	6.928	5.438	10.4	26.0	1.94	3.55	8.30	1.10	20.9	1.35
6.3	63	40	4.8	7.5	7.5	3.8	8.451	6.634	16.1	50.8	2.45	4.50	11.9	1.19	28.4	1.36
8	80	43	5.0	8	8.0	4.0	10.248	8.045	25.3	101	3.15	5.79	16.6	1.27	37.4	1.43
10	100	48	5.3	8.5	8.5	4.2	12.748	10.007	39.7	198	3.95	7.8	25.6	1.41	54.9	1.52
12.6	126	53	5.5	9	9.0	4.5	15.692	12.318	62.1	391	4.95	10.2	38.0	1.57	77.1	1.59
14a	140	58	6.0	9.5	9.5	4.8	18.516	14.535	80.5	564	5.52	13.0	53.2	1.70	107	1.71
14b	140	60	8.0	9.5	9.5	4.8	21.316	16.733	87.1	609	5.35	14.1	61.1	1.69	121	1.67
16a	160	63	6.5	10	10.0	5.0	21.962	17.240	108	866	6.28	16.3	73.3	1.83	144	1.80
16	160	65	8.5	10	10.0	5.0	25.162	19.752	117	935	6.10	17.6	83.4	1.82	161	1.84

续表

| 型号 | 尺寸/mm | | | | | | 截面面积 /cm² | 理论质量 /(kg/m) | 参考数值 | | | | | | | |
| | h | b | d | t | r | r_1 | | | x—x | | | y—y | | | y_1-y_1 | z_0 /cm |
									W_x /cm³	I_x /cm⁴	i_x /cm	W_y /cm³	I_y /cm⁴	i_y /cm	I_{y1} /cm⁴	
18a	180	68	7.0	10.5	10.5	5.2	25.699	20.174	141	1270	7.04	20.0	98.6	1.96	190	1.88
18	180	70	9.0	10.5	10.5	5.2	29.299	23.000	152	1370	6.84	21.5	111	1.95	210	1.84
20a	200	73	7.0	11	11.0	5.5	28.837	22.637	178	1780	7.86	24.2	128	2.11	244	2.01
20	200	75	9.0	11	11.0	5.5	32.837	25.777	191	1910	7.64	25.9	144	2.09	268	1.95
22a	220	77	7.0	11.5	11.5	5.8	31.846	24.999	218	2390	8.67	28.2	158	2.23	298	2.10
22	220	79	9.0	11.5	11.5	5.8	36.246	28.453	234	2570	8.42	30.1	176	2.21	326	2.03
25a	250	78	7.0	12	12.0	6.0	34.917	27.410	270	3370	9.82	30.6	176	2.24	322	2.07
25b	250	80	9.0	12	12.0	6.0	39.917	31.335	282	3530	9.41	32.7	196	2.22	353	1.98
25c	250	82	11.0	12	12.0	6.0	44.917	35.260	295	3690	9.07	35.9	218	2.21	384	1.92
28a	280	82	7.5	12.5	12.5	6.2	40.034	31.427	340	4760	10.9	35.7	218	2.33	388	2.10
28b	280	84	9.5	12.5	12.5	6.2	45.634	35.823	366	5130	10.6	37.9	242	2.30	428	2.02
28c	280	86	11.5	12.5	12.5	6.2	51.234	40.219	393	5500	10.4	40.3	268	2.29	463	1.95
32a	320	88	8.0	14	14.0	7.0	48.513	38.089	475	7600	12.5	46.5	305	2.50	552	2.24
32b	320	90	10.0	14	14.0	7.0	54.913	43.107	509	8140	12.2	49.2	336	2.47	593	2.16
32c	320	92	12.0	14	14.0	7.0	61.313	48.131	543	8690	11.9	52.6	374	2.47	643	2.09
36a	360	96	9.0	16	16.0	8.0	60.910	47.814	660	11 900	140	63.5	455	2.73	818	2.44
36b	360	98	11.0	16	16.0	8.0	68.110	53.466	703	12 700	13.6	66.9	497	2.7	880	2.37
36c	360	100	13.0	16	16.0	8.0	75.310	59.118	746	13 400	13.4	70.0	536	2.67	948	2.34
40a	400	100	10.5	18	18.0	9.0	75.068	58.928	879	17 600	15.3	78.8	592	2.81	1070	2.49
40b	400	102	12.5	18	18.0	9.0	83.068	65.208	932	18 600	15.0	82.5	640	2.78	1140	2.44
40c	400	104	14.5	18	18.0	9.0	91.068	71.488	986	19 700	14.7	86.2	688	2.75	1220	2.42

表 A4 热轧工字钢 (GB 706—1988)

符号意义:

h——高度
b——腿宽度
d——腰厚度
t——平均腿厚度
r——内圆弧半径
r_1——腿端圆弧半径
I——惯性矩
W——截面系数
i——惯性半径
S——半截面的静力矩

注:截面图和表中标注的圆弧半径 r、r_1 的数据用于孔型设计,不做交货条件。

型号	尺寸/mm						截面面积 /cm²	理论质量 /(kg/m)	参考数值						
									x—x				y—y		
	h	b	d	t	r	r_1			I_x /cm⁴	W_x /cm³	i_x /cm	$I_x:S_x$	I_y /cm⁴	W_y /cm³	i_y /cm
10	100	68	4.5	7.6	6.5	3.3	14.345	11.261	245	49.0	4.14	8.59	33.0	9.72	1.52
12.6	126	74	5.0	8.4	7.0	3.5	18.118	14.223	488	77.5	5.20	10.8	46.9	12.7	1.61
14	140	80	5.5	9.1	7.5	3.8	21.516	16.890	712	102	5.76	12.0	64.4	16.1	1.73
16	160	88	6.0	9.9	8.0	4.0	26.131	20.513	1130	141	6.58	13.8	93.1	21.2	1.89
18	180	94	6.5	10.7	8.5	4.3	30.756	24.143	1660	185	7.36	15.4	122	26.0	2.00
20a	200	100	7.0	11.4	9.0	4.5	35.578	27.929	2370	237	8.15	17.2	158	31.5	2.12
20b	200	102	9.0	11.4	9.0	4.5	39.578	31.069	2500	250	7.96	16.9	169	33.1	2.06
22a	220	110	7.5	12.3	9.5	4.8	42.128	33.070	3400	309	8.99	18.9	225	40.9	2.31
22b	220	112	9.5	12.3	9.5	4.8	46.528	36.524	3570	325	8.78	18.7	239	42.7	2.27
25a	250	116	8.0	13.0	10.0	5.0	48.541	38.105	5020	402	10.2	21.6	280	48.3	2.40
25b	250	118	10.0	13.0	10.0	5.0	53.541	42.030	5280	423	9.94	21.3	309	52.4	2.40
28a	280	122	8.5	13.7	10.5	5.3	55.404	43.492	7110	508	11.3	24.6	345	56.6	2.50
28b	280	124	10.5	13.7	10.5	5.3	61.004	47.888	7480	534	11.1	24.2	379	61.2	2.49

续表

型号	尺寸/mm						截面面积 /cm²	理论质量 /(kg/m)	参考数值						
									x—x				y—y		
	h	b	d	t	r	r₁			I_x /cm⁴	W_x /cm³	i_x /cm	$I_x:S_x$	I_y /cm⁴	W_y /cm³	i_y /cm
32a	320	133	9.5	15.0	11.5	5.8	67.156	52.717	11 100	692	12.8	27.5	460	70.8	2.62
32b	320	132	11.5	15.0	11.5	5.8	73.556	57.741	11 600	726	12.6	27.1	502	76.0	2.61
32c	320	134	13.5	15.0	11.5	5.8	79.956	62.765	12 200	760	12.3	26.8	544	81.2	2.61
36a	360	136	10.0	15.8	12.0	6.0	76.480	60.037	15 800	875	14.4	30.7	552	81.2	2.69
36b	360	138	12.0	15.8	12.0	6.0	83.680	65.689	16 500	919	14.1	30.3	582	84.3	2.64
36c	360	140	14.0	15.8	12.0	6.0	90.880	71.341	17 300	962	13.8	29.9	612	87.4	2.60
40a	400	142	10.5	16.5	12.5	6.3	86.112	67.598	21 700	1090	15.9	34.1	660	93.2	2.77
40b	400	144	12.5	16.5	12.5	6.3	94.112	73.878	22 800	1140	15.6	33.6	692	96.2	2.71
40c	400	146	14.5	16.5	12.5	6.3	102.112	80.158	23 900	1190	15.2	33.2	727	99.6	2.65
45a	450	150	11.5	18.0	13.5	6.8	102.446	80.420	32 200	1430	17.7	38.6	855	114	2.89
45b	450	152	13.5	18.0	13.5	6.8	111.446	87.485	33 800	1500	17.4	38.0	894	118	2.84
45c	450	154	15.5	18.0	13.5	6.8	120.446	94.550	35 300	1570	17.1	37.6	938	122	2.79
50a	500	158	12.0	20.0	14.0	7.0	119.304	93.654	46 500	1860	19.7	42.8	1120	142	3.07
50b	500	160	14.0	20.0	14.0	7.0	129.304	101.504	48 600	1940	19.4	42.4	1170	146	3.01
50c	500	162	16.0	20.0	14.0	7.0	139.304	109.354	50 600	2080	19.0	41.8	1220	151	2.96
56a	560	166	12.5	21.0	14.5	7.3	135.435	106.316	65 600	2340	22.0	47.7	1370	165	3.18
56b	560	168	14.5	21.0	14.5	7.3	146.635	115.108	68 500	2450	21.6	47.2	1490	174	3.16
56c	560	170	16.5	21.0	14.5	7.3	157.835	123.900	71 400	2550	21.3	46.7	1560	183	3.16
63a	630	176	13.0	22.0	15.0	7.5	154.658	121.407	93 900	2980	24.5	54.2	1700	193	3.31
63b	630	178	15.0	22.0	15.0	7.5	167.258	131.298	98 100	3160	24.2	53.5	1810	204	3.29
63c	630	180	17.0	22.0	15.0	7.5	179.858	141.189	102 000	3300	23.8	52.9	1920	214	3.27

附录 B 几种主要材料的机械性能表

表 B1 在常温、静载荷及一般工作条件下几种常用材料的基本许用应力约值

材　料	许用应力 $[\sigma]$/MPa	
	拉　伸	压　缩
灰铸铁	31~78	118~147
A2 钢	137	
A3 钢	157	
16Mn	235	
45 钢	186	
铜	30~118	
强铝	78~147	
松木(顺纹)	7~12	10~12
混凝土	0.1~0.7	1~9

表 B2 材料的拉压杨氏弹性模量 E、切变模量 G 及泊松比 μ 的约值

材　料	E/GPa	G/GPa	μ
碳钢	196~216	784~794	0.24~0.28
合金钢	186~206	794	0.25~0.30
灰铸铁	78.5~157	441	0.23~0.27
铜及其合金	72.6~128	392~451	0.31~0.42
铝合金	70	255~265	0.33

表 B3 几种常用材料在常温、静载荷下拉伸和压缩时的机械性能

材料名称	牌号	σ_s/MPa	σ_b/MPa	δ_5 [①]/%
普通碳素钢	Q235	216~235	373~461	25~27
	Q255	255~275	490~608	19~21
优质碳素结构钢	40	333	569	19
	45	353	598	16
普通低合金结构钢	Q345	274~343	471~510	19~21
	Q390	333~412	490~549	17~19
合金结构钢	20Cr	540	835	10
	40Cr	785	980	9
碳素铸钢	ZG270-500	270	500	18
可锻铸铁	KTZ450-06		450	6(δ_3)
球墨铸铁	QT450-10		450	10(δ)
灰铸铁	HT150		120~175	

注：① δ_5 是指 $l=5d$ 的标准试样的伸长率。

附录 C　习题参考答案

第 2 章

2-3　(a) $2F$ ($\swarrow$)；(b) $\sqrt{3}F$ ($\downarrow$)

2-4　$F_{Ax}=-F, F_{Ay}=-\dfrac{F}{3}, F_B=\dfrac{F}{3}$

2-5　$F_C=1.414$ kN ($\nearrow$)，$F_{AB}=1.414$ kN (拉)

2-6　(a) $F_A=2P$(沿 AB)；(b) $F_A=1.32P$

2-7　$F_{AB}=7.32$ kN(压)，$F_{BC}=27.32$ kN(压)

2-8　$F_A=0.707F$($\swarrow$)，$F_C=0.707F$($\nwarrow$)

第 3 章

3-1　否

3-2　7.5 kN

3-3　$F_A=\dfrac{2M}{l}$($\searrow$)，$F_B=\dfrac{M}{l}$($\nwarrow$)

3-4　$F_{Ax}=\dfrac{M_1+M_2}{2l}$，$F_{Ay}=\dfrac{M_2-M_1}{2l}$($\uparrow$)，$F_{Bx}=\dfrac{M_1+M_2}{2l}$，$F_{By}=\dfrac{M_2-M_1}{2l}$($\downarrow$)

3-5　$F_A=\dfrac{M}{l}$($\searrow$)

3-6　5 kN・m

3-7　(1) $F_A=\dfrac{1.414M}{l}$($\swarrow$)，$F_C=\dfrac{1.414M}{l}$($\nearrow$)；(2) $F_A=\dfrac{M}{l}$($\rightarrow$)，$F_C=\dfrac{M}{l}$($\leftarrow$)

3-8　$F_A=\dfrac{M}{l}$($\downarrow$)，$F_B=\dfrac{M}{l}$，$F_C=\dfrac{1.414M}{l}$($\nwarrow$)，$F_D=\dfrac{M}{l}$($\rightarrow$)

第 4 章

4-2　(a) $F_A=\dfrac{2}{3}F+\dfrac{3ql}{2}$ ($\uparrow$)，$F_B=\dfrac{1}{3}F+\dfrac{3ql}{2}$($\uparrow$)；

　　　(b) $F_A=\dfrac{3}{4}ql+\dfrac{M}{2l}$，$F_B=\dfrac{9}{4}ql-\dfrac{M}{2l}$

4-3　$F_{Ax}=10$ kN，$F_{Ay}=10$ kN，$M_A=46.7$ kN・m

4-4　$F_A=\dfrac{P(l\sin\alpha+b\cos\alpha)-Fh}{a+b}$，$F_B=\dfrac{P(a\cos\alpha-l\sin\alpha)+Fh}{a+b}$

4-5　距 A 端 3.17 m

4-6　$M_1=647$ N・m，$M_2=915$ N・m

4-7　$F_{Ax}=0, F_{Ay}=\dfrac{1}{2}\left(F+\dfrac{M}{l}\right), F_D=\dfrac{M}{2l}$

4-8 $\quad F_{Ax}=-\dfrac{1}{\sqrt{3}}\left(\dfrac{F}{2}+\dfrac{M}{a}\right),F_{Ay}=\dfrac{3}{2}F-\dfrac{M}{a},F_{Dx}=\dfrac{1}{\sqrt{3}}\left(\dfrac{F}{2}+\dfrac{M}{a}\right),F_{Dy}=\dfrac{M}{a}-\dfrac{F}{2}$

4-10 $\quad F_A=0,F_{Cx}=-F,F_{Cy}=0,M=Fl$

4-11 $\quad F_{Ax}=\dfrac{m}{l}\tan\alpha,F_{Ay}=P-\dfrac{m}{l},M_A=\dfrac{Pl}{2}-m$

4-12 $\quad 75\ \text{kN}\leqslant Q\leqslant 350\ \text{kN}$

4-13 $\quad F_{Bx}=0,F_{By}=P,M_B=Pl/2$

4-14 $\quad F_{BC}=-\dfrac{M}{l}$

4-15 $\quad F_B=106.7\ \text{N}$

4-16 $\quad F_D=8.33\ \text{kN}$

第 5 章

5-2　摩擦力分别为：$1\ \text{kN},2\ \text{kN},1\ \text{kN}$

5-3　$<5°43'$

5-4　$F_s=0$

5-5　$F\leqslant 1\ \text{kN}$

5-6　$36°87'\leqslant\alpha\leqslant 90°$

5-7　$W=\dfrac{P}{f_s}$

5-8　平衡

第 6 章

6-4 (1) $F_A=\dfrac{M_0}{a+b}(\downarrow),\ F_B=\dfrac{M_0}{a+b}(\uparrow)$;

　　(2) $F_1=\dfrac{M_0}{a+b}(\uparrow),M_1=\dfrac{M_0a}{a+b},\ F_2=\dfrac{M_0}{a+b}(\downarrow),\ M_2=\dfrac{M_0b}{a+b}$

6-5　$F_{AB}=30\ \text{kN}$

6-6　$\varepsilon_m=5\times10^{-4}$

第 7 章

7-3　$\sigma_{\text{I max}}=-150\ \text{MPa};\ \sigma_{\text{II}}=+37.5\ \text{MPa}$

7-4 (1) $\varepsilon=\dfrac{\sigma_p}{E}+\dfrac{\sigma-\sigma_p}{E'}$ 或 $\sigma=\sigma_p\left(1-\dfrac{E'}{E}\right)+E'\varepsilon$;

　　(2) $\varepsilon=1.81\times10^{-3},\varepsilon_e=1.43\times10^{-3},\varepsilon_p=0.38\times10^{-3}$

7-5　$d_0\geqslant 28\ \text{mm}$

7-6　$\sigma=127\ \text{MPa}\leqslant[\sigma]$,安全

7-7　$\sigma=158.4\ \text{MPa}$

7-8　$P_{\max}=21.2\ \text{kN}$

7-9 (1) $d\leqslant 17.8\ \text{mm}$; (2) $\sigma=35.4\ \text{MPa}\leqslant\dfrac{\sigma_s}{n}$,安全

7-10　$\sigma=100\ \text{MPa},\Delta b=0.003\ \text{mm}$

7-11 $d \geqslant 20.0$ mm, $b \geqslant 84.1$ mm

7-12 $\sigma_{max} = 75.8$ MPa $\leqslant [\sigma]$，安全

7-14 $\Delta l_b = \dfrac{4\sqrt{3}Gl}{3EA}$

7-15 $\Delta l = -0.067$ mm

7-16 (1) $x = 1.04$ m；(2) $\sigma_1 = 39.2$ MPa, $\sigma_2 = 29.4$ MPa

第 8 章

8-1 $\tau = 15.3$ MPa $< [\tau]$，$\sigma_{bs} = 50$ MPa $< [\sigma_{bs}]$，安全

8-2 (1) $\tau = 35.7$ MPa $< [\tau]$，$\sigma_{bs} = 102$ MPa $> [\sigma_{bs}]$，会发生挤压破坏；

     (2) $d \geqslant 13.5$ mm

8-3 $\tau = 124$ MPa $< [\tau]$，$\sigma_{bs} = 156$ MPa $< [\sigma_{bs}]$，安全

8-4 $\tau = 1.04$ MPa, $\sigma = 7.41$ MPa

8-5 $P = 240$ kN

8-6 $l = 100$ mm, $\delta = 12.5$ mm

第 9 章

9-3 (1) $\tau_A = 70$ MPa；(2) $\tau_{max} = 87.6$ MPa

9-4 (1) $\tau_A = \tau_B = 65.4$ MPa, $\tau_C = 32.7$ MPa；(2) $\tau_{min} = 32.7$ MPa, $\tau_{max} = 65.4$ MPa

9-5 $d \geqslant 31.2$ mm

9-6 $\tau_{max} = 15.5$ MPa $\leqslant [\tau]$，安全

9-7 (1) $\phi_0 = 1.14°$；(2) $\phi_{AB} = 1.71°$

9-8 $\phi_{AC} = -0.28°$

9-9 (1) $d_1 \geqslant 80.4$ mm, $d_2 \geqslant 68.7$ mm；(2)、(3)略

9-10 $d_1 \geqslant 56.4$ mm, $D_2 \geqslant 57.6$ mm

9-11 $d = 70$ mm

第 10 章

10-1 (a) $|Q|_{max} = 2ql$, $|M|_{max} = \dfrac{2}{3}ql^2$；   (b) $|Q|_{max} = F$, $|M|_{max} = Fa$；

     (c) $|Q|_{max} = F$, $|M|_{max} = Fa$；   (d) $|Q|_{max} = \dfrac{3}{4}qa$, $|M|_{max} = \dfrac{9}{32}qa^2$；

     (e) $|Q|_{max} = F$, $|M|_{max} = 3Fa$；   (f) $|Q|_{max} = F$, $|M|_{max} = Fa$；

     (g) $|Q|_{max} = ql$, $|M|_{max} = ql^2$；   (h) $|Q|_{max} = \dfrac{3}{2}qa$, $|M|_{max} = qa^2$；

     (i) $|Q|_{max} = \dfrac{5}{8}ql$, $|M|_{max} = ql^2$；   (j) $|Q|_{max} = \dfrac{5}{3}qa$, $|M|_{max} = \dfrac{25}{18}qa^2$

其他略。

第 11 章

11-1 $\sigma_{max} = 90.9$ MPa，强度足够

11-2　$P_1 \leqslant 1.44$ kN，$P_2 \leqslant 5.75$ kN

11-3　$d \geqslant 84.9$ mm

11-4　$M_{max} = 23.4$ kN·m，$\sigma_{max} = 3.7$ MPa

11-5　选择 8 号槽钢

11-6　$\sigma_{max} = 60$ MPa $\leqslant [\sigma]$，安全

11-7　$M_{max} = 0.21$ kN·m，$\sigma_{max} = 11.6$ MPa

11-8　不安全

11-9　$a = 1.385$ m

11-10　选择 20a 号工字钢

11-11　$q = 57.7$ kN/m

11-12　(1) $J_{yC} = 2.86 \times 10^4$ mm^4；(2) $J_{yC} = 101.8 \times 10^6$ mm^4

第 12 章

12-1　(a) $\theta(x) = \dfrac{M_0 x}{EI}$ ，$y(x) = \dfrac{M_0 x^2}{2EI}$ ，$\theta_B = \dfrac{M_0 l}{EI}$，$y_B = \dfrac{M_0 l^2}{2EI}$；

　　　(b) $\theta(x) = \dfrac{1}{EI}\left(-\dfrac{F}{2}x^2 + \dfrac{F}{2}l^2\right)$，$y(x) = \dfrac{1}{EI}\left(-\dfrac{F}{6}x^3 + \dfrac{F}{2}l^2 x - \dfrac{1}{3}Fl^3\right)$，

　　　　$\theta_C = \dfrac{3Fl^2}{8EI}$，$y_C = -\dfrac{5Fl^3}{48EI}$；

　　　(c) $\theta(x) = \dfrac{1}{EI}\left(\dfrac{M_0}{2l}x^2 + \dfrac{M_0}{6}l\right)$，$y(x) = \dfrac{1}{EI}\left(\dfrac{M_0}{6l}x^3 - \dfrac{M_0 l}{6}x\right)$，

　　　　$\theta_A = -\dfrac{M_0 l}{6EI}$，$\theta_B = \dfrac{M_0 l}{3EI}$，$y_C = -\dfrac{3M_0 l^2}{48EI}$；

　　　(d) $\theta(x) = \dfrac{1}{EI}\left(-\dfrac{1}{6}qx^3 + \dfrac{1}{6}ql^3\right)$，$y(x) = \dfrac{1}{EI}\left(-\dfrac{1}{24}qx^4 + \dfrac{1}{6}ql^3 x - \dfrac{1}{8}ql^4\right)$，

　　　　$\theta_A = \dfrac{ql^3}{6EI}$，$y_A = -\dfrac{ql^4}{8EI}$

12-2　$y = 1.02 \times 10^{-4}$ m

12-3　$\theta_A = 0.0073$ rad，$\theta_B = 0.0078$ rad

12-4　选择 28a 号槽钢，考虑自重影响则强度不够

12-5　$d \geqslant 0.112$ m

12-6　$q \leqslant 8655$ N/m

12-7　最大跨度为 8.58 m

12-8　选择 18a 号槽钢，安全

12-9　$\theta_A = -3.6 \times 10^{-4}$ rad $< [\theta]$，$\theta_B = 5.8 \times 10^{-4}$ rad $< [\theta]$，安全

12-10　(a) $\theta_B = -\dfrac{9Pl^2}{8EJ}$，$y_B = -\dfrac{29Pl^3}{48EJ}$；

　　　　(b) $\theta_B = -\theta_A - \dfrac{Pl^2}{16EJ} + \dfrac{ql^3}{24EJ}$，$y_C = -\dfrac{5ql^4}{384EJ} - \dfrac{Pl^3}{48EJ}$

第 13 章

13-2　$P \leqslant 16$ kN

13-3　$\sigma_{max} = 11.7$ MPa

13-4 $a = 4.63$ m

13-5 $h = 180$ mm, $b = 90$ mm

13-6 $\sigma_A = 23.5$ MPa(拉), $\sigma_B = 0$, $\sigma_C = 23.5$ MPa(压), $\sigma_D = 0$

      各点剪应力都相等, 为 $\tau = 18.3$ MPa

13-7 $\tau_{max} = 29.9$ MPa, $\sigma_{max} = 152.3$ MPa

第 14 章

14-6 $K_{\sigma} = 1.533$

14-7   许用应力 $[\sigma_{-1}] = 34$ MPa

第 15 章

15-5   88.7 kN

15-6 $n = 8.25 > n_{st}$, 安全

15-8 $n = 6.5 > n_{st}$, 安全

参 考 文 献

[1] 哈尔滨工业大学理论力学教研室编. 理论力学(Ⅰ). 北京：高等教育出版社, 2002

[2] 范钦珊编. 理论力学. 北京：高等教育出版社, 2000

[3] 刘鸿文编. 材料力学. 北京：高等教育出版社, 2004

[4] 上海化工学院, 无锡轻工学院编. 工程力学. 北京：高等教育出版社, 1996

[5] 单辉祖编. 材料力学. 北京：国防工业出版社, 1986

[6] 苏翼林编. 材料力学. 北京：人民教育出版社, 1983

[7] 梁治明, 丘侃, 陆耀洪编. 材料力学. 北京：高等教育出版社, 1984

[8] 清华大学材料力学教研室编. 材料力学解题指导及习题集. 北京：高等教育出版社, 1999

[9] 刘鸿文, 吕荣坤编. 材料力学实验. 北京：高等教育出版社, 1992

[10] 张小凡, 谢大吉, 陈正新编. 材料力学实验. 北京：清华大学出版社, 1994

[11] 孙训方, 方孝淑, 陆耀洪编. 材料力学(第2版). 北京：高等教育出版社, 1987

[12] [苏]别辽耶夫·H. M 著. 材料力学. 王光远, 干光瑜, 顾震隆译. 北京：高等教育出版社, 1992

[13] [苏]奥多谢夫·B. И 著. 材料力学. 蒋维城, 赵九江, 俞茂宏译. 北京：高等教育出版社, 1985

[14] Gere J M, Timoshenko S P. Mechanics of materials. Second SI Edition. New York：Van Nostrand Reinhold, 1984

[15] Popov E P. Mechanics of materials. 2nd ed. New Jersey：Prentice-Hall Inc., 1976